摄影师的后期课：Photoshop

基础入门篇（修订版）

郑志强 著

人民邮电出版社

北京

图书在版编目（CIP）数据

摄影师的后期课. Photoshop基础入门篇 / 郑志强著
. -- 修订本. -- 北京：人民邮电出版社，2021.3
ISBN 978-7-115-47282-3

Ⅰ. ①摄… Ⅱ. ①郑… Ⅲ. ①图象处理软件 Ⅳ.
①TP391.413

中国版本图书馆CIP数据核字(2020)第017245号

内 容 提 要

《摄影师的后期课》系列图书共有 7 册，分别为基础篇、影调与调色篇、抠图与合成篇、滤镜与特效篇、人像调色篇、RAW 格式技法篇、Lightroom 篇。本书是在原 Photoshop 基础篇的基础上修订完成的，是整个系列的开篇之作，主旨在于帮助广大用户学习数码后期打下牢固的基础。

本书从 Photoshop 软件的配置和使用开始介绍，进而深入浅出地讲解了照片专业化管理、照片明暗调整技术、调色技术、画质优化技术、裁剪的艺术、照片瑕疵修复技术、通道、图层、选区、蒙版应用技术、明暗与调色实战、照片合成实战、ACR 应用技术、摄影后期全流程揭秘等全方位的知识，最终让用户实现数码摄影后期的快速入门和提高。

本书适合数码摄影、广告摄影、照片处理等领域各层次的用户阅读。无论是专业人员，还是普通爱好者，都可以通过阅读本书迅速提高照片后期处理水平。

◆ 著　　　　郑志强
　　责任编辑　胡　岩
　　责任印制　陈　犇

◆ 人民邮电出版社出版发行　　北京市丰台区成寿寺路 11 号
　　邮编　100164　　电子邮件　315@ptpress.com.cn
　　网址　https://www.ptpress.com.cn
　　天津市豪迈印务有限公司印刷

◆ 开本：690×970　1/16
　　印张：20　　　　　　　　　　2021 年 3 月第 2 版
　　字数：576 千字　　　　　　　2021 年 3 月天津第 1 次印刷

定价：99.00 元
读者服务热线：(010)81055296　印装质量热线：(010)81055316
反盗版热线：(010)81055315
广告经营许可证：京东市监广登字 20170147 号

前言 PREFACE

　　要精通数码摄影后期，阻力来自于两个方面：其一是对 Photoshop 等后期软件的学习和掌握不足；其二是审美和创意能力有待提高。

　　大部分初学者遇到的困难，主要都在后期软件的学习上。要想真正掌握摄影后期技术，不能太专注于后期软件的操作技巧，而是应该先掌握一定的后期理论知识。举一个简单的例子来说，要学习后期调色，如果用户先掌握了基本的色彩知识及混色原理，那么后面的学习就很简单了，只需要几分钟就能够掌握调色的操作技巧，并牢牢记住，再也不会忘记。

　　这说明学习数码后期，用户不但要知其然，而且还要知其所以然，这样才能真正实现数码后期的入门和提高！

　　不能说在学习本书之后，用户一定能够修出大师级的完美照片，因为正如开始说的，数码照片的后期处理不单是一门技术，还是一门艺术，它对摄影师的审美和创意能力是有一定要求的，所以说，学好本书只是第 1 步，接下来用户可能还要努力提升自己的美学修养和创意能力！

※　本系列图书，在介绍每个领域的技术要点之前，首先都会对相关原理进行详细讲解，待用户理解和掌握后，再学习照片后期处理技巧，那就会事半功倍了！

※　随书附赠全部的素材图片。

※　用户在学习本书的过程中如果遇到疑难问题，可以加入本书笔者及读者交流QQ群"千知摄影 II"，群号为 8572839，或者也可以加笔者微信号 381153438，与笔者直接交流。另外，建议用户关注我们的公众号"深度行摄"，不断学习一些有关摄影、数码后期和行摄采风的精彩内容，具体查找 shenduxingshe 或扫描以下二维码关注均可。

资源下载说明

　　本书附赠后期处理案例的相关文件，扫描"资源下载"二维码，关注我们的微信公众号，即可获得下载方式。资源下载过程中如有疑问，可通过在线客服或客服电话与我们联系。

客服邮箱：songyuanyuan@ptpress.com.cn

客服电话：010—81055293

扫一扫 学摄影

扫描二维码
下载本书配套资源

目录 CONTENTS

第 01 章　配置与使用 Photoshop

　　在开始真正的照片处理之前，笔者会用一章的篇幅来介绍对照片的操作，以及怎样配置和优化Photoshop界面，让我们在使用时感觉更加舒服。

1.1　照片载入与浏览设定

从 Photoshop CC 2017 开始，软件启动后的初始界面发生了变化。与之前所有的版本启动后直接进入工作区不同，新版本增加了一个开始界面，里面包含了打开、新建、最近打开的文件 3 个命令。用户分别单击这几条命令就可以打开新照片，或是新建一个空白文档，抑或是打开之前处理过的照片。

新增加的这个开始界面，对新用户来说，没有影响，直接从零开始学习就可以，而老用户可能会感觉不适应，不过没有关系，可以在"首选项"设定中将这个界面永久地关闭掉（本章的 1.5 节将会介绍）。

打开 Photoshop 后，我们有两种方式载入要处理的照片：第 1 种方式是在"文件"菜单中选择"打开"菜单命令，找到要处理的照片，然后，单击"打开"按钮即可；当然，因为 2017 版新增加了开始界面，所以直接在界面中单击"打开"按钮，也可以达到相同的效果。使用"打开"命令或按钮载入照片的过程如图 1-1 所示。

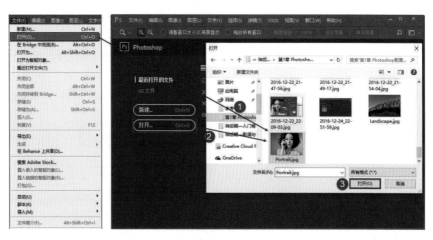

图 1-1

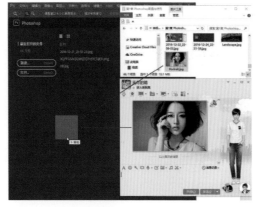

图 1-2

对计算机比较熟悉的用户，或是 Photoshop 的"老司机"，通常都采用第 2 种方式，即通过直接拖动来载入照片，这种操作快捷、简单。只要在文件夹或是 QQ 等网络应用当中，按下鼠标左键选中该照片，然后让鼠标左键保持按下状态，将照片拖动到打开的 Photoshop 页面中，松开鼠标左键即可，如图 1-2 所示。这样照片就会自动在软件中打开了。

Photoshop 是可以多任务工作的，即我们可以同时打开多张照片，分别进行处理。当初次打开多张照片后，照片的标题栏会并列显示在工作区的上方，而下面的工作区中只会显示一张照片，即标题栏中处于亮显状态的照片会显示，如图 1-3 所示。如果想要显示其他照片，那么只要单击该照片的标题栏就可以了。

图 1-3

点住照片的标题栏不放，向下拖动会让照片离开工作区边缘，变为浮动状态，如图 1-4 所示，方便用户同时看到多张照片快速定位。然而，不足之处是，这样 Photoshop 的工作区会显得比较乱。处于浮动状态的多张照片，只有最上层的处于激活状态。此时，如果对照片进行处理，那么对象就是这张最上层的照片。

图 1-4

点住照片的标题栏不放，向工作区边缘拖动，待出现蓝色的边框时松开，就可以让照片再次停靠在工作区上了，如图 1-5 所示。在一般情况下，当我们同时打开多张照片时，可能需要让照片处于浮动状态，以便于快速找到想要的照片。如果仅打开 1~2 张照片进行处理，基本上就不需要这样操作。

图 1-5

在 Photoshop 中打开的照片，视图总会被缩小以适应软件界面，但这样用户就无法直接观察到照片中的某些细节了。在工具栏中选择"缩放工具"，然后在上方的选项栏中选择放大或是缩小，就可以对照片视图进行相应的预览了，如图1-6 所示。在工作区底部的状态栏中，会显示当前将照片放大或缩小的比例，如图 1-6 放大前为 16.67%，放大后变为了25%。这种放大对照片尺寸不会产生影响，只是视图比例大小的缩放，便于用户观察。

这里需要记住第 1 种操作技巧：如果选择放大工具，在照片上单击就可以放大视图。此时，如果按住 Alt 键，就会发现光标已经变为缩小工具，单击鼠标就可以缩小视图了。

下面来看照片浏览的第2 种超好用的技巧：如果打开了某个调整框，如图 1-7所示，就会发现无法再使用缩放工具对照片进行缩放了，非常不方便。此时，在键盘上按住 Ctrl 键，再按+ 键，就可以放大照片视图；按住 Ctrl 键，再按 – 键，就可以缩小照片视图。

图 1-6

小提示

将照片视图一键调整到符合工作区视图的大小

使用缩放工具或是键盘快捷键进行多次缩放后，可以将照片视图缩放到符合工作区视图的大小，就如同图 1-7 中的照片正好填满了工作区那样，但这样操作毕竟还是有些麻烦。如果我们直接按键盘的 Ctrl+0 组合键，就可以一步到位，将照片预览直接调整到符合工作区视图的大小。

图 1-7

1.2 照片存储与压缩级别

一旦对照片进行过改动，在照片标题的最后就会出现一个 *，表示照片处于改动后但未保存的状态，如图 1-8 所示。从图中可以看到，名为 Landscape 的照片标题最后没有 *，表示该照片此时为原始状态，没有经过任何改动，或是已经对改动进行了保存；名为 Portrait 的照片就表示已经改动过了，但没有保存。

图 1-8

保存照片时，最简单的方法是按键盘上的 Ctrl+S 组合键，这与"文件"菜单中"存储"命令的功能是一样的。实际上，在保存照片时，我们往往不会使用这个命令，而是使用"存储为"菜单命令对照片进行存储。执行"存储"菜单命令，会将照片直接存储并覆盖原片，而丢失原片显然不会是大多数人想要的结果。

正常来说，建议使用"存储为"菜单命令进行照片的存储，执行该命令后会弹出"另存为"对话框，在该对话框中，如果不修改文件名，那么照片就会替换原有文件，与直接"存储"的菜单命令几乎没有差别（当然，在这样存储时，系统会提示用户是否替换原文件）。在大部分情况下，建议对文件名进行修改，例如改为"原文件名 -1"的形式，这样可以在备份原始文件的前提下，保存好处理后的文件，如图 1-9 和图 1-10 所示。

如果我们没有诸如印刷、冲洗等特别的要求，那在保存照片时，选择 JPEG 格式就可以了。具体方法是在"保存类型"后面的下拉列表中，选择想要的 JPEG 格式即可。

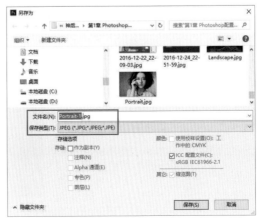

图 1-9   图 1-10

在"另存为"对话框中单击"保存"按钮后，会弹出"JPEG 选项"界面，在此你需要对照片的压缩级别（品质）进行设定。在"JPEG 选项"界面中，可以看到品质选项，其后有 0~12 一共 13 个压缩级别。其中，0~4 为高压缩级别，即对照片进行高度压缩后，画质就会严重下降，对应的画质为低；5~7 级压缩对应的画质为中等；8~9 级压缩对应的画质为高；10~12 级压缩对应的画质为最佳。以上这些表示对照片的压缩程度如果不高，相应的照片画质也就比较好了。图 1-11 所示为照片压缩的 4 大档次 13 个级别。

勾选界面右侧的"预览"选项，可以看到不同压缩后的照片大小。例如，当选择压缩程度很高的品质 3 时，照片大小为 544K，而当到了压缩程度很低的品质 10 时，照片大小已经变为了 5.2M。

小提示

根据用途来设定照片的压缩级别

如果我们只是在网络上分享和浏览照片，就可以大幅度压缩照片的品质——降低到中或低均可；如果我们的照片有印刷、喷绘、打印等要求，就不应该对照片进行高度压缩，最好是将照片品质保存为最佳。

图 1-11

与上面的照片品质压缩不同，还有一种俗称的照片压缩是指照片尺寸压缩。具体来说，上面的照片品质压缩不会改变照片的边长尺寸，而改变的是照片像素的编码方式。另外一种照片压缩，则是指改变照片的边长尺寸，以符合不同场景的使用需求。这时，需要在 Photoshop 菜单中对尺寸进行缩小，如图 1-12 所示。

图 1-12

具体调整时，如果保持默认设置，直接改变宽度或高度值，那么另外一个值也会按比例调整，比如说如果我们将宽度改为 1000，那么高度就会变为 667，以确保照片的长宽比例不变。如果我们在尺寸前面单击取消长宽比限制（再次单击就可以恢复限制），那么就可以随心所欲地改变照片长边或宽边的尺寸了。比如我们可以将一张照片调整为 120×120，以符合证件照的尺寸要求等，如图 1-13 所示。（当然，在改变长宽比时要注意不要让照片中的人物等变形，这可以通过提前裁剪，然后再改变边长尺寸来实现。）

图 1-13

1.3 摄影界面的面板使用技巧

作为初学者，用户必须要认真阅读以下内容，因为这会涉及在最初使用 Photoshop 时遇到的一些简单问题。对 Photoshop 工作界面有一定的了解，并学会相应的操作技能，对后续的学习会有很大帮助。

初学者在第 1 次启动 Photoshop CC 2017 时，可能会发现与图书中见到的授课老师的软件界面不一样——会载入到开始界面。对于数码后期的用户来说，首先应该配置到摄影界面。在 Photoshop 主界面的右上角，单击向下的指向箭头，展开列表，在其中选择"摄影"，即可将界面配置为适合摄影后期用户的摄影界面，如图 1–14 所示。

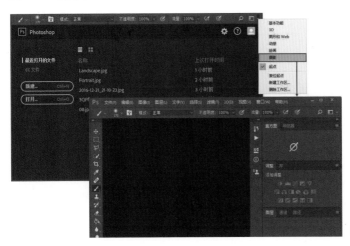

图 1–14

此时，当我们打开一张或多张照片时，工作区将显示照片，而在右侧的面板中则可以显示一些照片具体的信息，如直方图面板、图层面板等都显示了大量信息，方便用户对照片进行后期处理，如图 1–15 所示。

在摄影界面当中，默认的是显示直方图、导航器、库、调整、图层、通道和路径这 7 个面板。如图 1–15 所示，摄影界面处于激活状态，并显示直方图和图层面板，而其他面板则均处于收起的状态。

图 1–15

将软件界面配置为摄影后，接下来就可以进行一些具体的操作和设置了。比如，用户如果想要将某个面板移动到另外一个位置，那么只要点住该面板的标题不放，然后拖动鼠标即可移动该面板的位置，如图 1-16 所示。这样，就可以从折叠在一起的面板中将某一个面板单独移走了，图 1-16 中所示即将直方图面板、图层面板移动到了其他位置，使这两个面板都处于浮动状态。

注意，当从某个面板组中拆出一个面板时，要点住该面板的标题文字拖动。注意是点住标题文字，如果点住标题旁边的空白处拖动，就会移动面板组的位置。

如果要将处于浮动状态的面板复原，也很简单，同样是点住该面板的标题，拖动回到 Photoshop 主界面右侧的面板组，待出现蓝色的停靠指示后松开鼠标，就可以将浮动面板停靠，这样多个面板就折叠在一起了，如图 1-17 所示。

因为笔者使用图层面板的频率远高于该面板组中的其他两个面板，所以就点住该面板标题，左右拖动，以调整面板的排列次序，如图 1-18 所示。

图 1-16

小提示

笔者之所以要调整面板的排列次序，是因为面板组中左侧的第 1 个面板是默认激活并显示的。将常用的直方图、调整和图层面板放在首位，是最佳选择。

对于"图层"面板，笔者每天都要用到，而对于"通道"这类面板则是偶尔使用。此外，像是"库"面板，笔者几乎从来不用，那就可以将其关闭，不显示在主界面中。具体操作时，使用鼠标右键单击"库"面板的标题，然后在弹出的菜单中选择"关闭"，就可以将该面板关闭了，如图 1-19 所示。

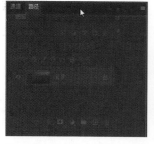

图 1-17

图 1-18

图 1-19

如果将所有的面板都逐个关闭，Photoshop 软件界面就会变窄，如图 1-20 底图所示。如果要再次打开某些被关闭的面板或是打开一些新的面板，只要在"窗口"菜单中选择具体的面板名称就可以了。如图 1-20 右下图所示，在"窗口"菜单中笔者选择了"调整"命令，可以发现在右侧就打开了"调整"面板。当然，这种方式也可以用于关闭已经打开的面板：再次在菜单中选择"调整"命令，就将打开的"调整"面板关闭了。

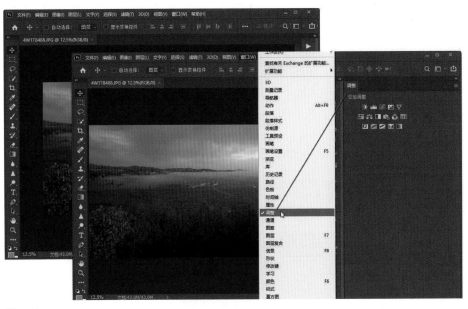

图 1-20

　　对 Photoshop 不甚了解的初级用户，在使用一段时间后可能会很苦恼，发现软件界面突然发生了变化，找不到某些自己常用的功能了，或是某些自己常用的面板发生了变化，不再固定在右侧了，变为悬浮状态，非常散乱。这都没有关系，只要在主界面右上角打开界面配置的下拉列表，然后选择"复位摄影"命令，即可将混乱的工作界面恢复为初始状态，如图 1-21 所示。

　　无论怎样"折腾"Photoshop 的主界面和功能面板，只要掌握了操作和复位的方法，那就一切都不是问题了。

　　从整体上来看，Photoshop 的工作界面是很方便的，赋予了用户非常高的自由度，让其可以根据自己的工作需求、使用习惯和个人偏好来随意地设置功能面板的开关和展示形态。

图 1-21

1.4 工具栏的高级操作

Photoshop 主界面中，除面板之外，另外一个可供我们"玩耍"的就是界面左侧的工具栏。这是一个很窄的长条，自上而下排列了大量的工具，如图 1-22 所示。利用这些工具可实现选择、裁剪、瑕疵修复、制作路径等多种功能。随着阅读本书的逐渐深入，用户就会一一学习到具体工具的使用方法和技巧。

在工具图标的右下角，有些会有一个三角标志，单击会展开折叠在一起的多款工具，如图 1-23 所示，也就是说，事实上 Photoshop 的工具是非常多的，因为无法同时都全部展开，所以将同类的一些工具折叠了起来，这与面板的分布是很像的。在图 1-23 中，笔者单击展开了"污点修复画笔工具"这一组，右边显示出一共 5 种同类型的工具。

对于大部分工具，并不是说单纯地选择就可以使用了，往往还需要用户对工具的一些功能进行调试，以便更加有效。比如，当选择"污点修复画笔工具"进行瑕疵修复时，可以在软件主界面上方的选项栏中对工具的参数进行设定，如设定画笔大小、模式、修复时的内部算法等，如图 1-24 所示。

图 1-22　　图 1-23

图 1-24

如果用户经常使用某些工具，就可以将它们单独显示而不是折叠起来。在底部单击 3 个点的图标按钮，然后在展开的菜单中选择"编辑工具栏"，如图 1-25 所示，打开"自定义工具栏"界面。在该界面中点住某款工具向下拖动，就可以实现拆分，将其单独显示，如图 1-26 所示。

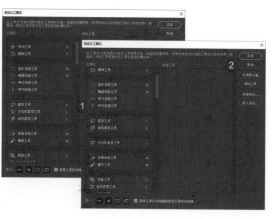

图 1-25　　　　　　　　　　　　　　　　　　　　　　　図 1-26

图 1-27 展示了某款工具由折叠状态变为单独显示状态的过程。如果要将单独显示的工具再折叠起来，只要再次进入"自定义工具栏"界面，在右侧单击"恢复默认值"按钮即可，如图 1-28 所示。

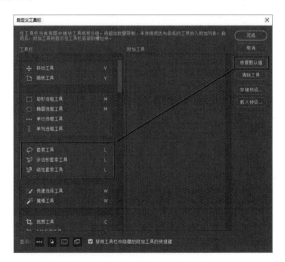

图 1-27   图 1-28

如果觉得工具栏实在太窄太长，看起来不爽，也很简单，只要单击上方的箭头按钮就可以将其变为双栏显示，如图 1-29 所示。不过，在通常情况下，如果变为双栏显示会挤压工作区的大小，妨碍在工作区放大照片视图，所以建议单列显示工具栏。

无论是单列还是双栏显示的工具栏，只要点住标题栏不放拖动，就可以改变工具栏的位置。图 1-30 就展示了将工具栏停靠在右侧面板区域的效果。当然，如果想要工具栏处于浮动状态，只要点住标题栏随意拖动就可以了。

图 1-29   图 1-30

1.5　Photoshop 性能优化

图 1-31

　　初学者在掌握了 Photoshop 主界面的操作和配置技巧后，就可以考虑对软件的内在性能进行一定的配置和优化了——主要是通过对首选项的设定来实现的。利用首选项设定，可以将 Photoshop 的各项指标和参数都优化到最佳状态。打开 Photoshop 后，在"编辑"菜单中选择"首选项"菜单项，然后在子菜单中选择"常规"选项，如图 1-31 所示，即可打开"首选项"对话框，如图 1-32 所示。

　　在 Photoshop CC 2017 之前的版本中，"首选项"的"常规"选项卡并没有需要设置的地方，但到了 2017 版本，在此可以设置是否显示开始界面。在默认条件下，"没有打开的文档时显示'开始'工作区"选项处于选中状态，如果取消勾选，就不会出现开始界面，而是直接载入到 Photoshop 软件的工作界面中了。

图 1-32

　　在"界面"选项卡内，用户可以对 Photoshop 软件界面的颜色、字体大小、界面边缘等进行设定。Photoshop 早期的版本以浅灰色为主，看起来软件是很亮的，从 Photoshop CS5 版本开始，软件默认的配色开始变为了深灰色，但依然保留了浅灰色和白色的配色，用户可以根据自己的口味进行设定。在屏幕模式最后的编辑下拉列表中，默认的效果是"投影"，从某个界面外边缘可以看到明显的投影效果，如果不喜欢该设定，还可以取消。至于用户界面字体大小，笔者个人喜欢设定为大字体，如图 1-33 所示。

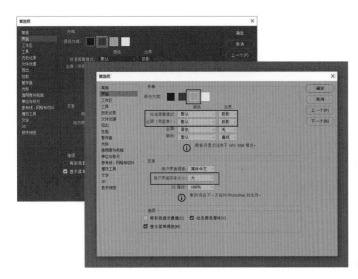

图 1-33

在"工具"选项卡的"选项"组中如果勾选"用滚轮缩放"复选框，在 Photoshop 中就可以使用鼠标滚轮对图片进行快速放大或缩小了，如图 1-34 所示。另外，用户还应该记得前面曾经介绍过使用工具栏中的缩放工具，或按键盘上的 Ctrl+- 组合键、Ctrl++ 组合键对照片视图进行缩小或放大。

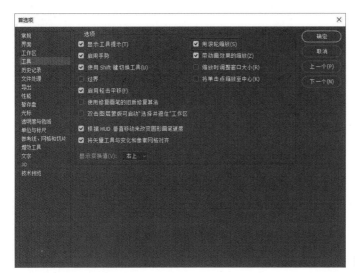

图 1-34

切换到"文件处理"选项卡，在这里可以设定照片的扩展名为大写或是小写，如图 1-35 所示。

在"文件存储选项"选项组中勾选"后台存储"复选框，这样在保存一张照片的过程中还可以对其他照片进行图像制作和修改。例如，在 Photoshop 中打开两张照片，其中一张在保存的过程中，还可以对另一张进行处理。"自动存储恢复信

第 01 章 配置与使用 Photoshop

息的间隔"是一项自动保存功能，例如，在 Photoshop 中处理图片时，如果忽然软件出错关闭，而用户又没来得及对处理中的照片进行保存，只要提前勾选了该功能，那么在下次启动 Photoshop 时，那张没来及进行保存的图片就会自动恢复到正在处理的最后几个步骤，因此，建议将该选项的时间间隔设置得短一些，图 1-35 中默认的 10 分钟还是有些过长，最好将时间缩短为 5 分钟左右。

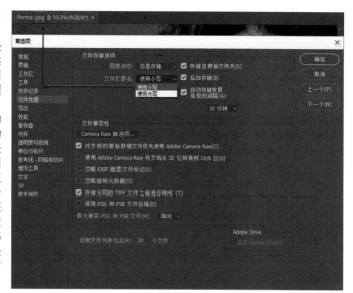

图 1-35

在"性能"选项卡中有很多重要的设置，如图 1-36 所示。其中，"内存使用情况"是指在使用 Photoshop 时分配多大的内存，在具体操作过程中拖动滑块就可以进行设置，建议配置 60%~90% 的内存供 Photoshop 使用。要想使 Photoshop 运行得更快，除了为其设定更大的内存比例外，计算机自身的内存配置也应该高一点，毕竟内存越大越好。

默认的"历史记录状态"为 50 条，即 Photoshop 的"历史记录"面板中所能保留的历史记录默认状态的最大数量为 50 条。如果觉得记录 50 条太少了，就可以将其设置为更大的数字，例如可以设定为 200 条历史记录。该功能比较适合初学者，如果操作失误，就可以快速返回到前面的某个步骤。

"高速缓存级别"是指图像数据的高速缓存级别数，默认为 4，这里可以保存默认设置。该选项最高可以设置为 8。在处理大照片时，可以设置为较大的高速缓存级别；在处理小照片时，可以设置为较小的高速缓存级别。

"高速缓存拼贴大小"是指 Photoshop 一次存储或处理的数据量，该选项的设定与"高速缓存级别"相似——如果要处理大照片，就应该将其设置得大一些；如果要处理小照片，就应该将其设置得小一些。

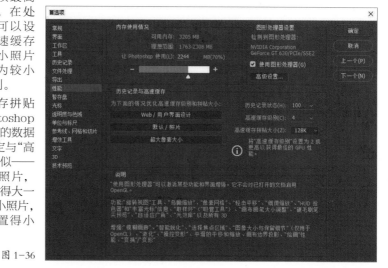

图 1-36

至于"使用图形处理器"功能，勾选后可以优化 Photoshop 视频处理性能，如使用 Photoshop 中的视频全景图、3D 处理等，之后，还应该单击底下的"高级设置"按钮，在弹出的界面中勾选"使用 OpenCL"。

在"暂存盘"界面，默认只勾选了 C 盘作为暂存盘，如图 1-37 所示。当 Photoshop 在处理大量或者大尺寸照片时，它会占据大量的暂存盘空间。此时，如果 C 盘的空间不足，Photoshop 就会提示内存不足，暂存盘已满，所以需要提供更大的暂存盘空间，具体视情况可勾选 D 盘、E 盘等，这样当照片占满了第 1 个暂存盘，就可以自动转入第 2 个暂存盘，以此类推。该功能在进行大量照片的合成时非常有效，如当利用静态星空照片合成星轨时，多勾选几个硬盘可以更高效地完成操作。此处可勾选 2~3 个硬盘，作为暂存盘。

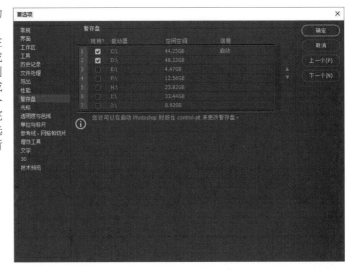

图 1-37

1.6 怎样开始后期修片

熟悉了 Photoshop 的界面操作和性能配置后，用户可能就要面对具体的照片处理了。对于初学者来说，想要对照片进行处理，只要选择"图像"，然后在打开的下拉菜单中选择"调整"，再在打开的子菜单中选择相应的菜单命令，就可以打开某些功能界面了。图 1-38 所示为打开"色阶"对话框对照片明暗进行处理的过程。

需要注意以下两点：

（1）Photoshop 绝大部分的照片校准和处理功能，都是在"图像"-"调整"菜单内，如亮度/对比度、色阶、曲线、色相/饱和度、黑白、阴影/高光、HDR 色调等功能都是最常用的；

（2）在大多数情况下，选择这些相应的功能，再结合工具栏中的某些工具，最终就可以完成一般的照片后期处理了。

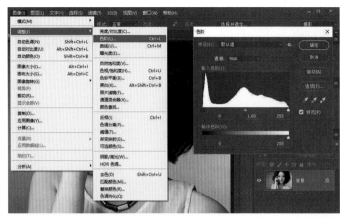

图 1-38

随着后期学习的逐渐深入，不再要求从菜单中打开某些功能，而是从调整面板中选择具体的功能进行修片。例如在图 1-39 的左上图中，笔者在"调整"面板中单击"色阶"图标，在图层面板中创建一个"色阶"调整图层，这样就可以打开一个虽然外观不同、但功能与图 1-38 中"色阶"对话框完全一样的色阶调整面板了。

这样做的好处很明显：后续所有的调整都不会对原片产生破坏，只要隐藏或是删除"色阶"调整图层，就会恢复照片的原始状态。有关调整图层的具体知识，在后面会有详细介绍。

如果用户对"色阶"面板中的那些图标还不熟悉，那么可以在 Photoshop 主界面的右下角单击左数第 4 个图标按钮，即"创建新的填充或调整图层"，在打开的菜单中选择具体功能，也可以进行和上述完全一样的操作。

图 1-39

第02章 全方位Bridge：专业化管理照片

　　胶片摄影时代，每一张照片的产生都是要经过深思熟虑的，因为胶片创作的相对成本较高：有胶卷的成本，有暗房显影的成本，还有冲印的成本。除非你有强大的资金实力，否则肯定不能进行自由自在不惜成本的创作，这令人不爽。到了数码摄影时代，影像的拍摄和输出成本迅速下降，拍摄者可以不计成本地自由创作，想拍就拍，但这势必会产生一个很大的问题，那就是影像数量会呈现几何级数的增长，我们会面临照片数量过快增长而难以存储和管理的问题。对于一部分初购买数码单反相机的新手，许多人有这样的经历：只是在一次简单的扫街或是郊游之后，就会产生数以千计的照片。几个月、几年下来，你所积攒下来的照片数量便会多达数万，甚至上百万，这样就会面临照片的存储、检索和管理难题。本章的目的，便是要解决这一难题。

2.1　照片管理

相机与计算机存储设定

1.相机设定

在刚接触数码摄影的时候，经常会有人告诉笔者，只拍摄 JPEG 格式的照片就可以了。他们这样说，无非有以下几个原因：

（1）RAW 格式照片主要用于后期处理，所以对不精通后期处理的摄影师几乎没有任何用处；

（2）RAW 格式照片会占较大的磁盘存储空间；

（3）RAW 格式照片的通用性不是太好，有时无法使用一般的看图软件查看。

然而，笔者要求用户必须拍摄 RAW+JPEG 双格式。当前主流的硬盘存储空间已经动辄数以 T 计了，同时移动硬盘的空间也在不断加大，且价格不断降低。即便你现在还没有掌握 RAW 格式处理技法，未来也一定是可以掌握的，那时可以回过头来处理个人曾经拍摄过的 RAW 格式图片，以达到更好的效果。如果现在没有拍摄 RAW 格式图片，未来一定会后悔。

当前主流的数码单反相机，均可以拍摄 RAW+JPEG 双格式。以佳能 EOS 80D 为例，在拍摄菜单的图像画质中，可以设定为只拍摄某一种格式或是双格式，如图 2-1 所示。

图 2-1

2.硬盘存储的设定

完成一次拍摄后，用户应该尽快将照片导入计算机硬盘或是移动硬盘中。最好是专门将一个驱动器作为图库，无论是 D 盘、E 盘、F 盘，还是其他盘，空间都最好在 50G 以上。待该磁盘空间存储满之后，再开辟一个单独的硬盘分区作为图库 2 使用……

举个例子来说，笔者的照片一般都存储在两个地方：将计算机上的 E 命名为图库，很多照片都是存在这个图库当中；另外一部分照片则存储在一个移动硬盘中，它有 1TB 的存储空间。这两个存储位置，足可以存储笔者多年拍摄的照片了。如果空间用尽，那么只要继续添加大容量的移动硬盘就可以了。

在硬盘内存储照片时，也要有一定的秩序。建议用户每次在拍摄完以后，都将照片存储在以"时间 + 主题"为名的文件夹中，如图 2-2 所示，这样可以兼顾时间顺序和照片主题，便于以后的管理和查找。

图 2-2

为何要专业化管理图库

如果用户的照片数量过多，占用空间很大，那么购买大容量的移动硬盘，可以解决照片存储的问题。用户可将照片分门别类，按照"日期＋主题"的方式来新建并命名一个文件夹，里面是某时，在某地或是某次活动拍摄的大量照片，一般会有数百张照片，如图 2-3 所示。这样不用太久用户的移动硬盘里就会囊括海量的照片和文件夹了。

很明显的一点是，用户不可能对一个母文件夹里的所有照片都进行后期处理，因为那样工作量太大了，而是只对一些不同视角、构图形式的照片进行后期处理，发布到网站或自媒体账号上。如果这样做，就需要再单独建立用于存储上传网络照片的文件夹，单独建立存储冲洗照片的文件夹，单独建立……，如图 2-4 所示。

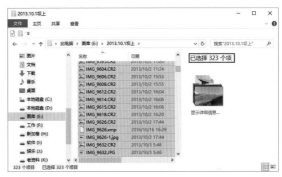

图 2-3

另外，在如此多的文件夹内，有许多照片都是重复的，例如用户感觉非常满意的照片，会挑选出来在单独的文件夹里存放，做单独的影集。此外，还要在原文件夹里保留，做好备份。那些发给朋友查看的照片，肯定也会与这些有重复。这样就会让用户的检索变得困难起来，几年后再想使用这些照片时，到底要去哪里查找也是一个问题。这无疑会浪费大量的时间，以致照片分离、管理的效率会非常低下。

利用专业的数码照片管理软件对用户的图库进行管理，则可以很好地解决照片的分类、管理、检索等问题，从而极大地提高数码后期的工作效率。下面将介绍如何使用 Bridge 进行照片管理。

图 2-4

小提示

在 Photoshop CS6 之前的版本中，Bridge 是作为 Photoshop 组件出现的，所以经常成为 Photoshop 套装中的一部分，也就是说，只要安装了 Photoshop，Bridge 就会自动安装好，但从 CC 版本开始，Bridge 已经作为一款独立的软件出现了，需要单独安装才能使用。

2.2　Bridge 的配置与设定

Bridge 工作界面设置

安装 Bridge 后，在 Photoshop 的文件菜单内，选择"在 Bridge 中浏览"菜单命令，就可以打开 Bridge 的使用界面了。初次进入 Bridge 后会看到大致如图 2-5 所示的界面。笔者已经在图中进行了一些具体的标注，虽然不是特别全面，但①～⑨基本上能够涵盖 Bridge 软件的大部分功能及用途了。下面具体来看各面板的功能。

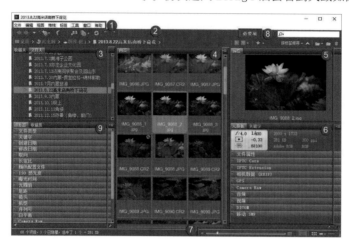

图 2-5

① 菜单栏：几乎所有的 Bridge 功能都可以在菜单栏的不同菜单内找到。例如，可以利用菜单栏中的功能与操作系统或其他软件建立联系，在文件菜单中将照片传输到 Camera Raw 工具、Photoshop 工作界面；可以设定软件界面显示或隐藏一些功能面板；可以实现对照片评级、标签、筛选等功能；可以控制 Bridge 进行更新等操作。

② 路径：此路径用于显示当前浏览照片所在的文件夹。举例来说，在图 2-5 上面的路径中单击"图库（E）"即可切换到图库 E 这一目录下；单击路径中的 >（箭头），会展开上一级文件夹，从中可以看到所有的子文件夹信息，方便用户快速定位；单击路径栏右侧的空白处，可激活路径，使其处于可编辑状态，这时复制另外一个图库文件夹的完整路径，然后粘贴到此处，就可以直接定位到另外的图库文件夹了。

③ 文件夹与收藏夹面板：在文件夹面板中显示的是目录形式的路径，用户可以通过单击不同的文件夹直接寻找到想要浏览的内容；文件夹目录与上方路径的本质是一样的，只是显示方式不同。收藏夹面板显示的是另外一种体系，从面板中可以看到经常使用的一些文件夹。使用时，可以将计算机中一些常用文件夹或图片点住，拖动到此面板中，这样在后续浏览时就会比较方便。如果想恢复，通过右键菜单可以进行删除操作。

④ 内容显示区：用于显示所定位文件夹中的照片。用户可以在软件右下角调整照片显示的视图大小，方便浏览和查看；可以直接在所显示照片上进行照片评级等操作；可以在照片上单击鼠标右键，在菜单中进行更多的操作；单击选中某张照片后，可以在不同菜单中对其进行全面管理。

⑤ 预览面板：在照片显示区以较小的缩略图可以显示较多的照片。如果单击选中某张照片，那么在预览区会显示该照片较大的视图，便于观察照片的细节。另外，在预览窗口的照片上单击，能以 100% 的比例显示，方便用户观察照

片的局部细节。

⑥ 信息显示及编辑区：元数据子面板中显示了照片在拍摄时光圈、快门、测光模式、照片尺寸、色彩空间等详细的参数。另外，还可以显示其他多种信息，只要点开不同的标题就可以看到。在关键字面板中，用户可以对选中的照片进行添加关键字的编辑。添加时，只要在选中照片的前提下勾选此面板中对应的复选框就可以了；如果列表中没有想要的关键字，那么可以使用鼠标右键在面板中单击，然后在弹出的菜单中选择"新建关键字"，新建需要的关键字。

⑦ 显示设定区：在该区域可以调整照片显示的大小、方式等。具体是通过拖动滑块或单击不同的按钮，来改变显示效果。

⑧ 必要项设定：这是一个很好用的功能，用于控制软件中不同面板的排列布局方式。

⑨ 过滤器与收藏集：过滤器是在 Bridge 照片管理中非常重要的一个环节，利用过滤器可以根据不同的条件（过滤条件是多样化的，在底部的列表中可以看到）对照片进行检索和筛选操作。

Bridge 的工作界面是非常方便的，用户可以根据自己的使用习惯来进行定制。图 2-6 所示为初次打开后的默认界面，用户可以点住某个面板的标题栏进行拖动，实现面板的不同排列和展示方式。例如，在本例中笔者点住预览面板的标题，向左侧拖动，目的是放在内容面板的上方。待拖动的面板出现蓝色边线后松开鼠标，即可发现将预览面板放在了内容面板的上方。（当然，用户也可以将预览面板和内容面板叠加在一起，具体要视个人喜好来定。）

预览面板移动后的界面如图 2-7 所示。另外，多次拖动面板可能会产生的后果是面板的摆放变得有些混乱。没有关系，可以单击"必要项"按钮，在弹出的下拉列表中选择"重置标准工作区"菜单命令，将界面复位。

图 2-6

图 2-7

没有了 Mini Bridge，可以用"胶片"

在 CS6 及之前的 Photoshop 版本中，用户可以在"文件"菜单中设定开启 Mini Bridge 功能来浏览照片。开启后的 Mini Bridge 会内嵌在 Photoshop 主界面的底部，以缩略图的形式显示照片。用户挑选照片后可以直接在 Photoshop 工作区打开进行处理，也就是说，打开 Mini Bridge 后，在 Photoshop 主界面可以同时完成看片和修片的工作，所以，很多资深的用户都非常喜欢 Mini Bridge 这个功能。

不幸的是，随着 Photoshop 到 CC 版本的巨大升级，Adobe 公司不但将 Bridge 从 Photoshop 套装中独立了出来，还彻底取消了 Mini Bridge 功能。对于一些喜欢使用 Mini Bridge 浏览照片的老用户来说，如果要快速地看片和管理照片，就只能借助 Bridge 进行了。

进入 Bridge 主界面后，如果用户想要以较大的视图来显示照片较多的细节，那么拖动右下角的视图比例滑块就可以实现了，如图 2-8 所示。

图 2-8

此外，用户还可以使用另外一种更简单的办法对看片界面进行设定，并且让界面设置更加规范。单击"必要项"按钮，在弹出的下拉列表中选择"胶片"菜单命令。此时，会发现 Bridge 自动将预览面板放大了，并将内容面板调整为了胶片窗格的形式，如图 2-9 所示。这与上面手动调整的思路是一样的，可以兼顾管理和查看多张照片的需求。

值得注意的是，在"胶片"界面中，Bridge 还自动隐藏了原来右侧的元数据、关键字等面板，为用户提供了更大的空间来显示照片。

图 2-9

小提示

在"必要项"的下拉菜单中，还有看片台、元数据、关键字等多种菜单命令。用户可以自己点选这些菜单命令，查看不同的界面模式。

配置 Bridge 高速缓存

用户上网时，网页上的一些图片会被自动存储到本地计算机上，这些存储下来的图片就是缓存文件。它能够帮助用户在下一次打开同样网页的时候，加快浏览速度。在 Bridge 中，也存在缓存文件。用户每打开并浏览一个图片文件夹，其中的图片都会在系统中留下一个很小的缩略图文件（缓存文件）。这样在下次启动 Bridge 时，可以加快启动速度和照片浏览速度。

图 2-10 展示的是 Bridge 高速缓存默认的存储位置，路径为 C:\ 用 户 \Administrator\ AppData\Roaming\Adobe\ Bridge CC\Cache。在 Cache 文件夹内，找到 1024 这个文件夹，里面就是大量的缓存文件夹和缩略图了。

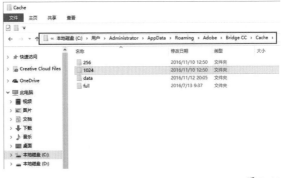

图 2-10

文件夹为 1024，表示该文件夹内缓存图片的长边是 1024 像素。从这个角度看，该文件夹内的缩略图还是比较大的。另外一个文件夹名为 256，表示该文件夹内缓存图片的长边是 256 像素，那就比较小了。从图 2-11 右侧的分辨率信息中可以看到该缓存文件的尺寸。严格来说，称这种长边达到 1024 像素的照片为缩略图并不是太合理，可以叫预览视图等，具体只要自己清楚就可以了。

系统缓存能够提升用户的工作效率，但也存在明显的缺点：长期使用 Bridge，就会在系统文件夹中存下大量的缩略图（缓存）文件，而其后果是极大地影响系统的运行速度。为加快 Bridge 的运行速度，用户应该每隔一定时间就清理一次缓存文件。

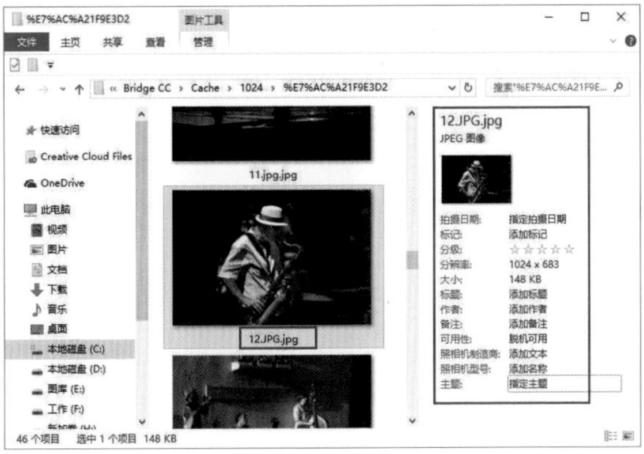

Bridge 的缓存文件的母文件夹"AppData"默认处于隐藏状态，在清理前要让隐藏的文件夹显示出来。这样不太方便，因此可以给这些高速缓存做一个单独的文件夹，放在其他的硬盘分区内，以便随时清空，不去占用系统的资源。

图 2-11

打开 Bridge，在界面上方的菜单栏中选择"编辑"菜单，然后在弹出的菜单项中选择"首选项"菜单命令，如图 2-12 所示。此时，会弹出"首选项"对话框，选择"高速缓存"选项卡，单击缓存文件夹路径后面的"选取"按钮，如图 2-13 所示。现在要对原存储于 C 盘的高速缓存文件夹进行更改，一般将其存储于一个比较容易找到的文件夹中，如 D 盘、E 盘等。

第 02 章 全方位 Bridge ：专业化管理照片

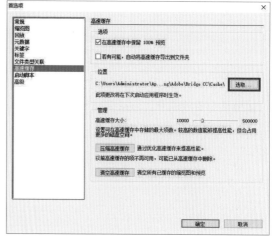

图 2-12   图 2-13

接下来，会弹出"浏览文件或文件夹"对话框。笔者想将高速缓存文件夹存放在 Photoshop CC 的安装文件夹内，因此先要找到该文件夹，然后单击"新建文件夹"按钮，专门为高速缓存建立一个文件夹，如图 2-14 所示。在弹出的对话框中为新建的文件夹进行命名，此处命名为"Bridge 高速缓存"，如图 2-15 所示，最后单击"确定"按钮，即可完成高速缓存文件夹的单独设定。

图 2-14   图 2-15

这样，用户在 Bridge 中浏览照片时，临时的缓存文件就都会存储于新建的"Bridge 高速缓存"这个文件夹中了。在以后的使用当中，只需定期打开"Bridge 高速缓存"文件夹，全部删除其中的文件即可确保 Bridge 能够有较快的启动和浏览速度了。

2.3 照片的浏览、归类与管理

评级技巧与标签操作

对照片的评级，其实就是添加星标的操作，有1~5级星标。在实际应用当中，笔者建议不要将星标设置得过于复杂，而要只使用其中的两种或3种星标。假如用户将照片分为1~5这5级星标，除了最满意的5星级照片之外，其他4种级别想要怎么处理？给人看吧，觉得不够好；自己留着，又有什么意义呢？

对于照片的管理，笔者从来都只是做3种星标：分别是1星级、3星级和5星级。其中，1星级代表留用而不删除，偶尔浏览一下作为纪念；3星级代表准备处理的原片；5星级代表笔者自己比较满意的、处理之后的照片。

在通常情况下，用户可以通过两种方式来为照片添加星标。

（1）单击选中某张照片，点开"标签"菜单，然后在打开的下拉菜单中就可以进行添加星标、取消星标、提升评级、降低评级等操作。从图2-16所示的下拉菜单中可以看到各种不同操作的快捷键，使用起来会比较方便。例如，先选中照片，然后直接按Ctrl+5组合键，就可以将该照片设定为5星级了；

（2）适当调整胶片窗格的高度，让照片显示出标题名、星标或5个小圆点。注意，带有5个小圆点的照片代表尚未评级。在图2-17

图2-16

的左上图中，笔者选中这张尚未评级的照片，然后将鼠标指针放在第3个小圆点上单击，即可将照片评定为3星级，如图2-17所示。以此类推，用户可以将照片评定为1~5任意一个星级。如果要取消星级，就只要鼠标指针点住1星的位置向照片缩略图之外的左侧拖动即可。此外，也可以在标签菜单中操作，或是通过按Ctrl+0组合键来取消星级。

照片标签的另外一种叫法是色标，即以不同的色条来标记照片。图2-18中向用户展示了Bridge中红、青色标所代表的具体含义。在添加这种色标时，也有两种方法：第1种方法是按照

图2-17

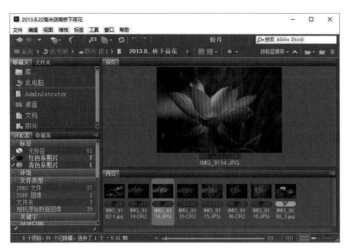

图 2-18

星标的添加方法，在"标签"菜单中只要选择不同的标签菜单命令就可以了。同样地，第 2 种添加色标的方法也就非常简单了，可用对应的快捷键快速添加。需要注意的是，紫色标没有快捷键对应。

如果不喜欢色标所对应的含义，那么也很简单，可以在"首选项"中自己对色标进行定义。具体方法是在"编辑"菜单中选择"首选项"菜单命令，打开"首选项"对话框，如图 2-19 所示。在标签界面中，就可以编辑不同色标对应的含义了。

下面说一下笔者个人的使用习惯。因为笔者并不是整天都与大量的照片打交道，在一段时间后总是会忘记不同色标对应的意思，所以干脆就利用了色标的色彩属性。什么意思呢？把一般的绿色植物类照片标为绿色标，代表绿色系照片；把青色调的照片标为青色标，代表青色系照片……这样，无论什么时候，在想要找一张特定色调的照片时，直接通过色标来查找就都可以了，如图 2-20 所示。这种色标的使用方法，笔者个人感觉非常方便。（没有蓝色标，可以使用青色标代替。）

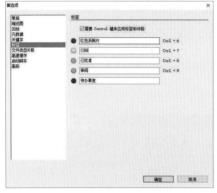

图 2-19

图 2-20

小提示

相对来说，色标可以编辑的特点，赋予了用户非常高的自由度。用户可以根据自己图库的特点，以及工作性质来命名色标所代表的含义，而没有必要过于遵循系统默认的设定或是笔者的使用习惯。

"关键字"的设计和添加

关键字是指用文字对照片的一些特定属性进行标记，如照片的拍摄地点、主题或涉及的人物等。在 Bridge 主界面右侧的关键字面板中，用户可以看到地点、人物和事件这 3 组关键字，如图 2-21 所示。系统默认给出的关键字只是一些示例，如王伟、赵军这种名字信息，用户是可以删除的，重新改为自己想要的人物名字。同样地，地点和事件关键字也是可以修改或添加的。

下面通过一个具体的实例来介绍照片关键字的设计和添加。例如，笔者前几年在山东威海的栖霞口野生动物园拍摄的一组照片，但关键字列表里面并没有威海，需要添加。

在关键字面板中单击鼠标右键，然后在弹出的快捷菜单中选择"新建关键字"菜单命令，如图 2-22 所示。将新建的关键字命名为"威海"，这样在列表中就添加了"威海"这一关键字，如图 2-23 所示。

图 2-21

图 2-22   图 2-23

> **小提示**
>
> 在设计关键字时还是应该注意地点、人物和事件的分类。例如此处的关键字"威海"就应该添加在地点这一分类当中。

以上只是为某一张照片添加关键字，如果拍摄的是一组照片，就应该为这组照片都添加关键字。按 Ctrl+A 组合键全选文件夹中的照片，在关键字面板中勾选"威海"前面的复选框，就为这组照片都添加上了"威海"这一关键字，如图 2-24 所示。

现在的问题是，这组照片的关键字不够具体，什么意思呢？威海很大，可这组照片是在哪里拍摄的呢？如果能够为照片添加一个更为具体的地址，那么就比较准确了。

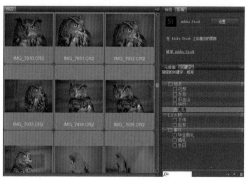

图 2-24

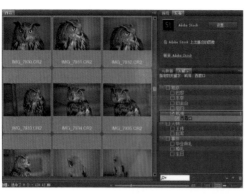

图 2-25

下面来看添加精确关键字的方法。按 Ctrl+A 组合键，全选这组照片，然后使用鼠标右键单击关键字"威海"，并在弹出的快捷菜单中选择"添加子关键字"菜单命令，将添加的子关键字命名为"西霞口"，最终效果如图 2-25 所示。从地点关键字列表中，可以看到形成嵌套关系的父关键字"威海"和子关键字"西霞口"，而从上面的指定关键字中，也可以看到这两个关键字。

此外，有关关键字的使用，还需要掌握下面这几项技巧。

① 在关键字列表之前为复选框，也就是说，用户可以同时添加多个关键字。例如可以同时勾选（添加）"北京、赵军、毕业典礼"等多个关键字。

② 虽然笔者在上面的例子中只为"威海"添加了"西霞口"这一个子关键字，但其实可以根据实际需要，在父关键字下建立多个子关键字，如动物园等，以便更加准确地描述照片。

③ 当删除已经添加的关键字时，用户只要选中照片，然后取消勾选的复选框就可以了。此外，使用鼠标右键单击该关键字，从快捷菜单中选择"删除"菜单命令，也可以将该关键字从列表中删除掉。

照片过滤与归类

对照片进行评级、添加标签或关键字的目的，就是为后续的照片检索、归类等做好准备。对照片的过滤，需要借助 Bridge 软件界面左下方的过滤器面板来进行操作。

1."过滤器"的使用技巧

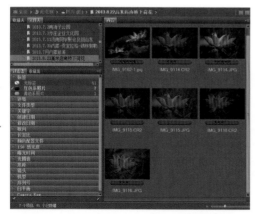

图 2-26

首先来看照片的过滤操作。Bridge 界面的左下方有一个"过滤器"面板，其中包括标签、评级、文件类型、关键字、创建日期、修改日期、取向、长宽比等多种选项。可能用户初次看到的过滤器面板中没有标签和评级选项，那是因为用户还没有为文件夹中的照片添加标签或评级。只有对照片进行过这两项设定操作后，过滤器面板中才会出现它们。

过滤器的使用是非常简单的，只需打开相应的一些过滤选项，从过滤条件列表中选择具体的条件就可以了。如图 2-26 所示，在标签列表中单击选中红色标签，就会将文件夹中标有红色标签的照片都过滤了出来。

在使用过滤器进行过一次照片的筛选后，如果想要设定另外的过滤条件，需要先取消勾选第 1 次的过滤条件，再重新选择当前想要的过滤条件。如图 2-27 所示，先取消选择红色系照片的筛选，然后再单击选择 5 星级的评级条件，这样才会将文件夹中评定为 5 星级的照片都筛选出来。

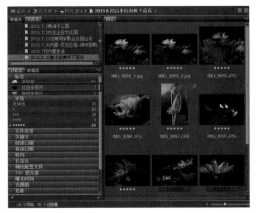

图 2-27

2. 照片归类管理

为照片添加标记、评级和关键字的目的是为后续的照片筛选做好准备，而筛选的目的则大多都是为了便于归类管理。例如，用户可能需要将所有 5 星级的照片挑选出来，放到新的文件夹中，作为最终完成后的摄影作品。

下面来看照片归类管理的方法。在 Bridge 界面左侧的"过滤器"选项卡中，用户可以根据不同的筛选条件来选择需要的照片，例如选择 5 星级，则软件会将文件夹中所有的 5 星级照片都筛选出来。按 Ctrl+A 组合键，全选这些照片，然后单击鼠标右键，在弹出的快捷菜单中选择"移动到"菜单命令，将这些照片剪切到其他位置，或者选择"复制到"将照片复制到其他位置，从而可以将选中的照片快速整理出来。本例中笔者选择了"复制到"菜单命令，然后在打开的子菜单中选择"选择文件夹"菜单命令，如图 2-28 所示。

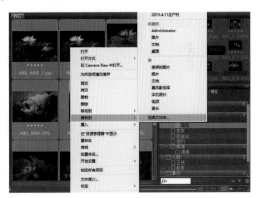

图 2-28

此时会弹出"浏览文件或文件夹"对话框，在其中选择要将照片复制到的位置，然后单击"确定"按钮就可以了，如图 2-29 所示。当然，用户也可以单击"新建文件夹"按钮，建一个全新的文件夹（在本例中笔者新建了一个名为"高米店荷花 – 完成"的文件夹），如图 2-30 所示，最后单击"确定"按钮，这样筛选出来并选定的照片就被复制到"高米店荷花 – 完成"这个文件夹中了。如果打开这个文件夹，就可以看到复制进去的照片了。

图 2-29   图 2-30

图 2-31

如果用户经常会使用到某些筛选出来的照片，可以将这些照片所在的文件夹添加到收藏夹，这样在启动 Bridge 后，就能够快速找到了。下面来看将照片添加到收藏夹的操作方法。选中想要添加的文件夹，单击鼠标右键，在弹出的快捷菜单中选择"添加到收藏夹"菜单命令，就可以在 Bridge 界面左侧的"收藏夹"选项卡下看到刚才添加的文件夹了，如图 2-31 所示。

如果要从收藏夹中删除该文件夹，操作也是非常简单的，只要使用鼠标右键单击该文件夹，在弹出的快捷菜单中选择"从收藏夹中移去"菜单命令即可，如图 2-32 所示。从图 2-32 的右下图左侧的收藏夹面板中可以看到，之前新建立的收藏夹已经没有了。

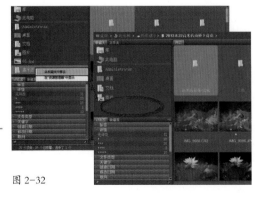

图 2-32

小提示

删除收藏夹这一操作，只是从 Bridge 工具左侧的收藏夹列表中移除了文件夹，并不影响硬盘中的照片存储。

用智能收藏集组织照片

使用过滤器过滤出某些具体文件夹内的照片后，将这些照片存入特定的文件夹，再复制到收藏夹列表，就可以在启动Bridge后从收藏夹列表中快速地看到这个文件夹了，比较方便。与收藏夹不同，"收藏集"是一套完全不同的体系，这种体系打破了具体文件夹的限制，从全盘的范围内来筛选并组织照片。

下面来看收藏集面板中智能收藏集的使用方法。单击展开收藏集面板，在面板中单击鼠标右键，然后在弹出的快捷菜单中选择"新建智能收藏集"菜单命令，弹出"智能收藏集"对话框，如图2-33所示。

在智能收藏集对话框上方的"查找位置"下拉列表中，用户可以选择筛选照片的所在位置。使用时，点开下拉列表，选择"浏览"菜单命令，然后从弹出的"浏览文件或文件夹"对话框中选择图库（也就是笔者存储照片的硬盘分区），最后单击"确定"按钮，如图2-34所示。这样用户就确定了筛选的范围是限定在整个图库驱动器。

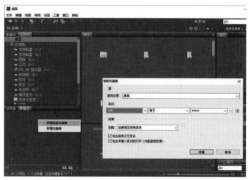

图 2-33

图 2-34

接下来，设定筛选条件。即便没有对星标、色标等进行设定，那也没有关系。在"条件"参数组第1项的下拉列表中，用户可以根据相机的拍摄参数、日期等进行筛选，并将筛选出的照片直接纳入到收藏集中。

如图2-35所示，在第1项筛选下拉列表中笔者选择了"焦距"，那后面就可以在全图库范围内筛选出焦距符合条件的照片了。举例来说，第2项条件为"小于或等于"，第3项条件为"35"，就可以将在全图库范围内焦距为35mm以下的照片全都筛选出来。

031

第 02 章　全方位 Bridge：专业化管理照片

如果用户在之前对图库已经进行了多种评级、设置色标等操作，那么可供选择的筛选条件就更多了。比如说，设定第 1 项条件为"评级"，后面设定"大于或等于 3 星"，最后单击"存储"按钮，这样就将在全图库范围内评级为 3 星和 3 星以上的照片都筛选出来，并存入了新建立的智能收藏集中。新建立的智能收藏集的名称处于重命名状态。本例中笔者将这个智能收藏集命名为了"选片"，如图 2-36 所示。

图 2-35

图 2-36

小提示

关于收藏集

在收藏集面板中，还有一个"收藏集"菜单命令。用户可以先建立好一个收藏集，然后在不同的文件夹中筛选照片，最后再将筛选出的照片选中，使用鼠标点住，拖入新建的收藏集，也就是说，收藏集是不够智能的，只能由用户手动来筛选照片，并拖入新建立的收藏集中。

第03章 明暗影调层次

要想真正掌握数码后期技术，应该从最基本的照片明暗、色彩控制原理开始学习。接下来的内容，将帮助你真正开启数码后期的学习之旅，让你知道照片的明暗影调怎样才算合理，怎样才能让明暗不合理的照片变得漂亮起来。

3.1 256 级亮度、影调层次与直方图

看一张照片，画面的明暗是最直观的视觉因素之一，通常用明暗层次（也称为影调层次，是指照片中像素从亮部区域到暗部区域的分布情况）来对此进行描述。照片中会存在最亮区域、一般亮度区域和暗部区域。如果一张照片只有非常亮的像素而没有暗部像素，或是只有较暗的像素而没有亮部像素，那么肯定会使观者感到不舒服。只有影调层次合理的照片才会好看，才能给人舒服的感觉。

照片上暗部的像素属于暗部区域；亮部的像素属于亮部区域；介于暗部区域和亮部区域之间的大部分像素属于灰调区域。灰调区域是非常重要的，它用于表现照片大部分的细节，并可以在暗部区域和亮部区域之间形成平滑的过渡，这样照片的明暗层次才会丰富、细腻起来。

下面通过几张照片来看。在图 3-1 中，暗部像素和亮部像素非常明显，画面中只剩下纯黑像素和纯白像素，而几乎没有灰调像素，恐怕只能说这是一幅图像了，它既没有灰调，又没有细节。在图 3-2 中，除了纯黑像素和纯白像素之外，还出现了一些灰调像素，这些灰调起到了两个作用：（1）让纯黑像素和纯白像素的过渡平滑起来，不再那么跳跃；（2）灰调提供了大量的画面细节。虽然这张照片的画面依旧不够理想，但相对前一张照片却好了很多。

图 3-1

图 3-2

再来看图 3-3 显示的另外一种效果。在该照片中，亮部区域没有那么白，而暗部区域也不是纯黑，照片大部分的像素都集中在了灰调区域。这些灰调呈现出了大量的细节内容，并且让照片的层次过渡平滑、自然。这样，这张照片就可以称为一张漂亮的人像摄影作品了。

图 3-3

从图3-1到图3-3，用户可以学到两个知识：

① 照片中的灰调区域用于呈现大量的内容细节。

② 明暗影调层次应该是从最暗到最亮平滑过渡的，不能为了追求高对比的视觉冲击力而让照片损失大量中间灰调的细节。

纯白和纯黑，只有两级的明暗层次；在中间出现大量灰调后，明暗层次就多了起来。图3-4上面的4行分别代表2级、3级、5级、7级明暗层次，而第5行则有非常多的层次，让画面从最暗到最亮实现了明暗层次的平滑过渡。

那究竟是多少级不同的明暗，才能让照片实现层次的平滑过渡呢？答案为0~255，共256个级别，也就是说，无论是计算机操作系统，还是后期软件，大部分照片的影调层次都有256级（用8位的二进制来存储数据，最多就能存储2^8即256个数值）。

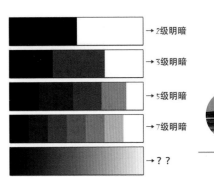

图3-4

一张照片，既可以说是有256个明暗影调层次，也可以说是有256级亮度。纯黑像素的亮度为0；纯白像素的亮度为255；中间亮度为128。

上述的介绍，是以黑白照片和示意图为例来说明的，但当前是彩色摄影时代，那么彩色照片是否也能套用这种明暗层次变化的规律，是否也有256级亮度（或说是明暗层次）呢？答案很明显是的！如图3-5所示，以蓝色为例，从图片中间向右延伸，蓝色逐渐变浅，到最右侧已经变为了纯白色；逐渐向左延伸，蓝色变深，到最左侧已经变为了纯黑色。换句话说，蓝色也分为了256级亮度，有256个明暗层次。以此类推，红色、黄色等色彩也是如此。

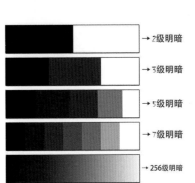

图3-5

用户了解到照片有256级亮度，有什么重要意义呢？又怎样与数码后期相关联？这会涉及数码后期最核心的一个知识点——直方图！

打开一张照片，在Photoshop主界面右上角的直方图面板中就有一个直方图，如图3-6所示。此时，照片与直方图是严格对应的关系。

图3-6

Photoshop 主界面显示的这个直方图很"花哨"，包含了红色、青色、蓝色、黄色、绿色、洋红色，以及一种接近军绿色的颜色。这样看起来非常复杂，不利于分析照片的明暗影调，因此可以先对这个直方图进行配置，配置为一种黑白的直方图，如图 3-7 所示。先在直方图面板的右侧单击点开下拉列表，选择"扩展视图"，然后在直方图的通道列表中选择"明度"，这样就配置为了黑白的明度直方图。

将直方图左边的竖线和下方的横线当作两条坐标轴，如图 3-8 所示。横轴 x 表示照片的亮度分布，从左向右，由纯黑色过渡到纯白色，即最左侧为照片中的纯黑色，亮度为 0，最右侧为照片中的纯白色，亮度为 255，中间为过渡区域。竖轴 y 代表什么呢？答案是对应亮度的像素。

图 3-6 所示的照片，暗部像素很少。从直方图中可以看到，x 轴的左半部分，即暗部区域 y 值很小，表示暗部像素很少；x 轴的右半部分，即亮部区域的 y 值普遍很大，表示亮部像素很多，也就是说，直方图与照片的明暗分布是一一对应的。

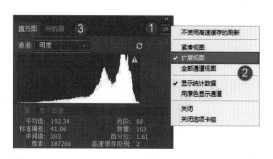

图 3-7　　　　　　　　　　　　　　　　　　　图 3-8

小提示

无处不在的直方图

　　直方图是 Photoshop 的核心功能之一，在 Photoshop 主界面、"色阶"对话框、"曲线"对话框中均有显示。除此之外，它还被内置到了相机中，在前期拍摄照片时，拍摄者可以通过观察直方图来判断自己照片的曝光情况。肉眼观察照片明暗，未必准确，因为每台计算机的显示器性能不同，且观察照片时的环境光线也会大有差别，这都会对人眼造成干扰，使其无法准确把握照片的明暗层次。有了直方图则不同，拍摄者不仅可以对照直方图，结合着照片，最终准确把握拍摄时的曝光设定，还能把握后期处理时的明暗层次调整程度。

3.2　直方图实战

深度理解直方图

　　下面打开一张照片，如图 3-9 所示。如果说这是一张亮度、影调层次都非常理想的照片，那么有人一定会问为什么呢？答案很简单，因为这是由直方图来判定的，而非简单地从视觉效果上来说的。

直方图的左边代表照片的暗部；右边代表照片的亮部。照片最暗部，即纯黑处以 0 表示；照片最亮部，即纯白处以 255 表示。这张照片从纯黑处的 0 到纯白处的 255 全都分布了像素，并且没有局部区域像素过少或是过多的情况，即分布比较均匀。这意味着这张照片是全影调的，中间没有任何断层和跳跃，过渡平滑。

　　直方图中，左侧竖直边线位置表示像素亮度为 0（即纯黑色），一旦照片中出现了大量亮度为 0 的像素，那就表示损失暗部细节了；右侧竖直边线位置表示像素亮度为 255（即纯白色），一旦照片中出现了大量亮度为 255 的像素，那就表示高光溢出变为了纯白色。这两种情况都损失了很多像素细节，不是理想状态的明暗影调层次了。照片的最佳状态是如图 3-9 中的直方图这样，左右两侧都刚好触及边线，但没有在边线位置向上升起。

图 3-9

图 3-10

　　一旦直方图中两侧的像素亮度触及了边线，就会出现如图 3-10 所示的效果。可以看到照片的中间部分死白一片，没有细节层次了，即高光溢出。此外，从直方图上也可以看出，右侧在像素亮度为 255 的边线位置，升起了大量像素（设想一下，暗部变为纯黑色，那自然是左侧亮度为 0 的边线位置出现了像素堆积）。

初学者易犯的错误

　　许多后期初学者，往往都用提高照片对比度的方法来突显照片的影调层次，一旦控制不好就会出现如图 3-10 所示的这种问题，即高光或暗部溢出。

　　虽然用户已经初步学会了直方图的相关知识，但还可能会有几个疑问。（1）在 Photoshop 主界面右上方的直方图中，RGB 直方图也是单色显示的，为什么还要使用明度直方图呢？（2）其他位置如"色阶"对话框中的直方图是明度直方图还是 RGB 直方图？（3）"明度直方图"下面的那些参数有何意义？

　　下面就这些疑问，笔者来答疑解惑。

　　（1）RGB 直方图是将红色、绿色和蓝色直方图对应位置的 3 种单色像素相加，再除以 3，取平均数得出的。例如，如果红色直方图暗部溢出变为了纯黑色，那么最终结果体现在 RGB 直方图上就是左侧溢出了，但实际情况是绿色和蓝色直方图并没有溢出，此处依然存在绿色和蓝色的像素细节，所以说这种直方图不能准确反映照片的明暗层次问题。

　　明度直方图则是针对曝光来进行呈现的，除非是 R、G、B 3 种颜色在暗部或亮部均溢出了，变为了纯黑色或纯白色，否则明度直方图两侧的边线位置是不会堆积像素的。在图 3-11 右侧的颜色直方图中，蓝色像素出现了暗部堆积，但红色和绿色像素都没有，这样 3 者相加再除以 3 取平均数，就变成了 RGB 直方图。事实上，照片的暗部并没有彻底损失细节。由此可知，颜色和 RGB 直方图都不能准确反映照片的明暗层次，只能在一定程度上有所反映。只有明度直方图，才能准确反映照片的明暗层次。

图 3-11

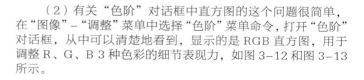

　　（2）有关"色阶"对话框中直方图的这个问题很简单，在"图像"-"调整"菜单中选择"色阶"菜单命令，打开"色阶"对话框，从中可以清楚地看到，显示的是 RGB 直方图，用于调整 R、G、B 3 种色彩的细节表现力，如图 3-12 和图 3-13 所示。

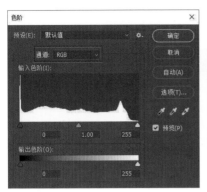

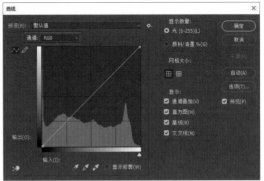

图 3-12   图 3-13

  如图 3-14 所示，打开的照片及直方图虽然是对应关系，但此时的直方图并不十分准确，需要点掉直方图右上角带"！"的三角标志才可以，这个标志被称为高速缓存。

  （3）取消高速缓存后，此时会显示最准确的明度直方图在该直方图下方有平均值、标准偏差、中间值、像素、色阶、数量、百分位、高速缓存级别等参数，下面介绍各种参数的具体含义。

图 3-14

① **高速缓存**：在显示高速缓存图标时，当前显示的直方图并不是照片的真实直方图，只有单击关闭高速缓存，才会显示出最准确的直方图。Photoshop 在运算过程中，需要提高速度，但对数百万，甚至数千万的像素进行计算，是很难有高速的，所以就提出了高速缓存的概念，对照片的明暗像素分布进行模拟运算，显示出一个虚拟的直方图。开启高速缓存时，Photoshop是在模拟计算。关闭高速缓存后，除了数据发生变化外，直方图也会有极小的变化，如图 3-15 所示，此时的直方图和数据都是最准确的，是实时显示当前照片的直方图。

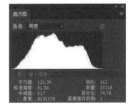

图 3-15

  一般来说，用户应该设置较高的缓存级别，进行图片的调整，以便提升处理速度，但是，也不能设置得过高，否则显示的直方图与照片的实际直方图差别就太大了。

② 平均值：平均值越高，照片整体就越偏亮。总共有 256 级亮度，因此中间值是 128。此照片的亮度平均值为 121.34，这说明整体接近一般亮度，而又稍暗一点。

③ 标准偏差：标准偏差是统计学概念，计算公式比较复杂，这里不做讨论。用户只需要知道，标准偏差越大，画面的对比度越高；标准偏差越小，画面的对比度越低。

④ 中间值：单个像素的亮度是介于 0 和 255 之间的，因为从纯黑色到纯白色共有 256 级亮度。将一张照片中每个像素的亮度都统计出来，然后按从小到大排列，在正中间的数值即为中间值。（如果有偶数个像素，就有两个位于中间的数，取前面的一个。需要说明的是，像素可能有数千万个，但亮度总共只有 256 级，因此会有很多像素都是中间值亮度。）

中间值的意义在于，从另一个侧面来反映画面的整体亮度，不过没有平均值准确。

⑤ 像素：就是所打开照片的总像素数量，即长边像素数量 × 短边像素数量。

⑥ 色阶：将鼠标指针放在直方图上单击，就会显示出光标所在位置的色阶值（即亮度值）。如本图中就将鼠标指针放在了第 162 级色阶上，即亮度值为 162 的像素上。若移走鼠标指针，则不显示。

⑦ 数量：表示鼠标指针位置处的像素数量，单击才会显示。

⑧ 百分位：表示鼠标指针位置处的像素占全照片总像素的百分比。

5 类常规直方图

1. 正常的直方图

在一般的自然光线条件下，曝光准确的照片，从直方图上来看，像素从最暗处到最亮处均应有分布，且左右两侧都是触及但不堆积的状态。从这种直方图上看对应的照片影调、亮度、细节、层次都会比较理想，这就是通常所说的正常直方图，如图 3-16 所示。

图 3-16

2. 右坡型直方图

从图3-17所示的直方图中可以看出，照片整体的像素都集中在了右侧，而左侧的像素分布很少。此外，从照片上也可以很直观地感受到，画面严重曝光过度。这种大部分像素都集中在右侧、高光触及右侧边线并堆积，就属于曝光过度和高光溢出的照片。

图 3-17

3. 左坡型直方图

从图3-18所示的直方图中可以看出，照片的最亮处没有像素分布，而主要像素都集中在左侧，且暗部触线并堆积，这属于曝光不足的照片。此外，从照片中也可以感受到，画面的亮度不够。

图 3-18

4. 孤峰型直方图

从图3-19所示的直方图中可以看出，照片的最暗处和最亮处都没有像素分布，而像素主要集中在了中间区域，意味着这张照片的对比度不足。不同程度的对比不足，它们所呈现的直方图是不一致的。

图 3-19

5. 凹槽型直方图

在图 3-20 所示的照片中，天空的云层因为过曝已经呈泛青色了（这是由于蓝色加白所致），而山体及林木背光的区域则变为了死黑。在它的直方图中可以看到，左侧的暗部边线出现了大量像素堆积，同时右侧亮部也有大量像素，而中间的灰调区域则像素偏少。可见，这是一张对比度过大的照片。

在摄影实拍中，利用大逆光比拍摄朝霞和晚霞时出现的剪影状态，就属于这种凹槽型直方图。那么当遇到这种问题时，应如何解决呢？最好的方法就是拍摄 RAW 格式的照片，在后期用户可以根据自己的需要来确定是要改善还是保留这种反差。因为 RAW 格式拥有较高的宽容度，在很多时候都能够尽可能地恢复照片中的高光和暗部细节。

图 3-20

4 类特殊直方图

学会了分析直方图，似乎就能判断照片的明暗影调层次是否合理了。然而，事实上却没有这么简单，在有些特殊场景中拍摄的照片，虽然直方图显示有问题，但照片却依然是成功的。

1. 夜景和低调摄影作品

来看图 3-21 所示的照片和直方图。如果仅从直方图上判断，属于严重左坡型的——照片的暗部细节损失严重，曝光不足，但依然不能直接说该照片彻底失败了，因为它的拍摄环境是有其特殊性的。这是在白石山拍摄的夜景照片，追求一种低调的画面效果。

所谓低调摄影作品，是指通过以黑色为主的深色区域来构筑画面整体的层次。黑色几乎占据画面的全部区域，而浅色调的色彩仅仅作为点缀。这样可以为画面营造一种强烈的影调对比氛围，以表现出非常复杂的情绪。

无论是低调风光还是人像，都能表现出一种非常具有艺术气息的画面，情绪感染力很强。这张照片从直方图上判断，明暗影调层次是有问题的，但如果从创作目的及画面效果上来看，又是一幅成功的摄影作品。

图 3-21

2. 高亮场景和高调摄影作品

在光线很强的场景创作或是拍摄雪景，照片的亮度可能会是非常高的，画面中深色景物很少，甚至没有，如图 3-22 所示。从直方图上来看，照片明显过曝，但从照片效果上来看，又是合理的。

此外，用户还要关注高调照片这一题材类型。高调摄影作品与低调摄影作品一样，也是由之前的黑白胶片摄影时代延伸到彩色摄影时代的一个概念。在高调摄影作品的画面中，以浅色调，尤其是白色和浅灰色的色彩层次来构成，几乎占据画面的全部，而少量深色调的色彩只能作为点缀来出现。这种摄影作品能够表现出轻松、舒适、愉快的感觉。

反映在直方图上，高调摄影作品的大部分像素都集中在亮部色阶区域。这种画面从直方图上来判断，看似曝光过度，但从作品创作的目的及实际拍摄场景上来看，照片效果又是合理的。

图 3-22

3. 低反差灰调直方图

再来看图 3-23 所示的照片和直方图。从直方图分布来看，这张照片的像素主要集中在中间的灰调部分，暗部与亮部的像素都很少。这种孤峰型直方图肯定是不理想的，对比度太低了，但观察照片却发现效果还是不错的，非常漂亮，具有梦幻般的美感，现在想一下，用户也经常会看到一些关于雨雾天气的此类直方图。

这类照片大都不是在直射光线条件下拍摄的，也就是说要想获得这种效果，是不能在阳光明媚的场景中拍摄的，而应该在阴雨天、雾天或低反差的环境中拍摄。只有这样，才能为后期制作打下良好的基础。

在通常情况下，当遇到这种反差的照片时，初学者会通过"曲线"或"色阶"调整去增强对比度，使画面变得更加通透。正确的做法是，进一步降低反差，使色阶只出现在直方图的中间部分，避开抢眼的高光和浓重的阴影，从而获得丰富的细节与层次，使画面影调平滑、反差柔和、质感细腻；通过后期的简化处理，去除一些杂乱的、分散注意力的多余物体，画面会更加唯美和简约。

这种反差小却很唯美的照片，被称为灰调摄影作品，属于特殊的影调风格，它的直方图只有这样分布才是合理的，所以用户不能以正常的影调去评价灰调摄影作品的直方图。

图 3-23

4. 高反差直方图

剪影照片属于高反差摄影作品，其直方图有多种形态，可能是左右两侧都出现了像素溢出现象，也可能是如图 3-24 所示的效果——高亮景物与背光景物出现在了同一照片当中。

在拍摄一些日出或日落时分的剪影画面效果时，用户没必要呈现出过多的暗部细节，否则就会显得很杂乱，所以，即便高光或暗部出现了像素溢出，也仍然是成功的。

图 3-24

3.3 "色阶"修片

前面讲解了直方图的原理及参照方式，下一步的重点在于怎样借助直方图对照片进行处理。

先来看怎样借助"色阶"对话框来处理照片。打开图 3-25 所示的照片，将直方图面板拖动到方便观察的位置。从直方图上可以看到，照片的暗部像素没有触到左侧的边线，并且亮部像素也较少。结合照片画面就可以判断，这张照片的问题是缺乏暗部和亮部像素。

图 3-25

对照片的调整主要是在"图像"–"调整"的子菜单内。因此单击打开"图像"菜单,选择"调整"命令,再在打开的子菜单中选择"色阶",打开"色阶"对话框(待操作熟练之后,不必再用菜单操作,按 Ctrl+L 组合键即可打开该对话框。),如图 3-26 所示。

在"色阶"对话框中,用户要重点关注输入色阶、输出色阶、预览和自动这 4 个功能。

① 输入色阶:对应的是用户刚打开的原片。在进行影调的调整时,要通过拖动底部的三角滑块来进行。比如,将白色滑块向左拖动,此时的输入值(亮度值)为 100,而输出色阶中的白色滑块亮度值为 255,这就表示将原片(输入)亮度为 100 的像素都提亮为了 255,即对照片的亮部进行了提亮操作。

② 输出色阶:主要用来定义照片最暗和最亮的亮度值。正常来说,照片最暗的像素亮度是 0;最亮的是 255。假如将输出色阶的黑色滑块设定为 50,即将原片最暗的像素提亮为了 50;将白色滑块定义为 200,表示将照片原本最亮为 255 的像素压暗为了亮度值 200,这样最终照片的动态范围就被压缩为了 50~200,肯定是很小的。由于是强行将像素提亮或压暗,色彩会失真,这样调整后的照片往往不会好看,因此很少使用输出色阶这个功能。

图 3-26

　　下面再来看输入色阶下面的中间灰色滑块。这个灰色滑块主要用于对应照片中间调区域的明暗走向，也可以说是在不影响照片高光和暗部的前提下改善照片的对比度。当灰色滑块位于偏左位置时，照片整体偏亮，对比度变低；当灰色滑块位于偏右位置时，照片整体偏暗，对比度变高。

　　这时只能靠着个人的视觉感受去调整。中间调的控制与屏幕的准确率有极大的关系，如果显示器经过了专业校准，那么就可以比较合理地掌握整张照片的中间调，否则很有可能就是盲目地在调整，只能靠视觉感受。

　　现在将中间调滑块向右拖动到 0.9，感觉照片的效果比较理想，然后单击"确定"按钮，就完成了照片全部的明暗层次调整，如图 3-27 所示。

图 3-27

　　这样，就可以对比照片调整前后的效果了，如图 3-28 所示。

　　上述利用直方图进行影调调整的方法，无法追回 JPEG 格式的照片已经损失掉的细节，但可对照片的整体影调进行优化处理。如果照片高光部分的细节已经溢出，变为死白一片，是无法通过调整"色阶"对话框中的高光滑块来进行修复的；同样的道理，如果暗部已经溢出，那就表示照片的暗部已经变为了死黑，也无法进行修复，追回最暗处的细节。（笔者已经介绍过，如果改变输出色阶，那么就属于强行渲染高光和暗部，像素会失真，并不是追回来溢出的像素细节。）

　　另外，这种对色阶图进行的基本调整，只能是对照片整体上的一种影调处理。在实际应用当中，无法满足对影像进行精细控制的要求。

图 3-28

3.4 "曲线"修片

深度理解曲线

在 Photoshop 甚至是整个数码照片后期领域,曲线都是用户频繁听到的名词。在明暗处理方面,借助"色阶"对话框,往往无法精细控制局部的明暗,而借助"曲线"对话框则可以实现。打开一张照片后,在"图像"–"调整"菜单内,选择"曲线"命令就可以打开"曲线"对话框,如图 3-29 所示。

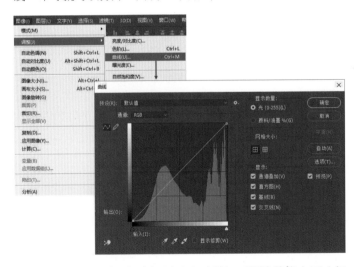

图 3-29

在"曲线"对话框中间显示出了所打开照片的直方图(如果用户在对话框底部取消勾选"直方图"复选框,中间的直方图就不会显示)。直方图上有一条 45° 的斜线段,在这条线段上的随便一个位置单击鼠标,都会产生一个锚点,对应一个坐标值。如图 3-30 左图所示,锚点处的输入值为 90,输出值也为 90。这是什么意思呢?输入值是指原片的亮度值;输出值是照片处理后的亮度值。这里笔者只是打开了照片,还没有处理,所以输入值和输出值是一样的。

如果用鼠标点住该锚点向上拖动，就会发现斜线变为了弧形的曲线，坐标值也相应发生了变化（输入 x：90；输出 y：150），如图 3–30 右图所示。此时已经对照片进行了调整：输入值没变，但输出值变为了 150。什么意思呢？这表示原片亮度值为 90 的像素，此时已经变为了 157 的像素，即照片整体变亮了。

小提示

在曲线上的任何一个锚点，如果 y（输出值）比 x（输入值）大，那么就都说明对照片的对应位置进行了提亮处理；反之，则说明对照片的对应位置进行了压暗处理。

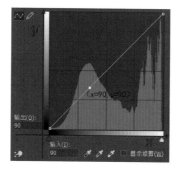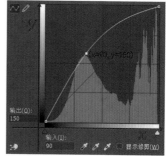

图 3–30

在照片当中，针对亮度值为 90 的像素，向上拖动锚点，将其亮度值变为了 150 后，照片整体变亮，此时的画面、曲线形状、明度直方图效果如图 3–31 所示。

无论是向上调整曲线让照片变亮，还是向下调整曲线让照片变暗，都可以发现，调整曲线时变化最大的始终是中间的部分，即中间灰调，而曲线的左下角，即对应着画面的最暗处和右上角，即对应着画面的最亮处，这两个区域的变化幅度是较小的。这样有一个好处，那就是不容易让暗部和高光部位出现像素损失的问题。

图 3–31

无论从哪个角度来看，显然这都不是用户想要的结果。如果要将曲线恢复原状，其实很简单，只需用鼠标点住锚点不放，待拖动到曲线框之外后松开，即可将锚点消除掉，这样照片就恢复了原状。

此外，还有一种更为简单的方法，只要按住键盘上的 Alt 键，这时"曲线"对话框中的"取消"按钮就会变为"复位"，如图 3-32 所示，单击就可以让照片恢复原状。

> **小提示**
>
> ### 扔掉锚点与复位的区别
>
> 点住锚点向曲线框外拖动，释放后扔掉，这样要逐个锚点消除，显得有些麻烦。按住 Alt 键再单击"复位"按钮，则可以一步让照片恢复原状。这样看仿佛是"复位"按钮更好用，但事实并非如此：一条曲线上最多可以创建 14 个锚点，不同的锚点有各自的调整效果，扔掉其中一个后其他锚点仍然存在；按"复位"按钮却会将曲线上所有的锚点都消除掉。由此可见，这是两种不同的恢复思路，用户可根据实际需要来选择。

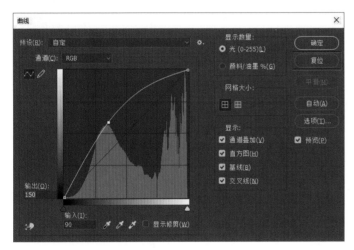

图 3-32

完全掌控曲线

在学习过曲线的一般技术原理后，下面来介绍曲线的使用技巧。曲线调整最基本的方法是先创建锚点，再拖动进行调整。

将鼠标指针移动到照片上，可以看到光标变为了吸管形状。按住 Ctrl 键，在该位置单击，会发现在曲线框内的基线上出现了一个锚点，如图 3-33 所示，该锚点就对应着用户在照片中用吸管单击的位置，接下来就可以对该位置进行调整了。

在本例中，笔者认为创建锚点的山体林木部分，最好能够暗一些，因此向下拖动锚点，让照片的暗部变暗。此时再观察天空部分，会发现天空有些偏暗，因此将鼠标移动到天空部分，按住 Ctrl 键单击，创建一个锚点，然后向上拖动，让天空部分变亮。用户对照片的后续处理，就可以根据笔者介绍的这种锚点创建方法，针对不同的局部区域进行精确调整。

图 3-33

最终，照片创建的锚点、调整方向、明度直方图及照片
效果就如图 3-34 所示。此时，可以看到画面的影调层次丰富，
并且作为主体的长城也非常醒目。

图 3-34

小提示

曲线要平滑

注意，在使用曲线的锚点进行照片调整时，要避免锚点过于密集。如果锚点与
锚点之间的距离过近，那么在调整时，就很容易出现色调分离的问题，结果就会失
真，因此，在控制曲线时一定注意锚点不要太密集，要形成平滑的曲线。

重点：目标选择与调整工具

先在画面中找到要调整的位置，按住 Ctrl 键单击，生成
对应的锚点，然后再进行调整，这种处理方法比较标准，但操

作衔接却不够流畅，显得烦琐了一些。在"曲线"对话框中对照片进行影调处理，有一种更为简单、更加好用的方法：使用"目标选择与调整工具"。

选择一张照片，打开"曲线"对话框，单击"小手"（"目标选择与调整工具"），激活该功能，如图3-35所示，然后将鼠标指针移动到照片中要调整的位置单击，先不要松开鼠标。此时可以看到，虽然没有按Ctrl键，但也已经在曲线上创建了对应的锚点。神奇之处还不止于此：确定还没有松开鼠标，直接在照片内拖动：向下拖动就会让单击的位置变暗，而向上拖动则会变亮。此时观察曲线内的锚点，会发现它也是相应地向下或向上移动的。这样，就可以直接对目标位置进行明暗调整了。

图3-35

接下来，可以对这张照片进行全面调整了。先按住Alt键单击"复位"按钮，将照片恢复原状。观察曲线中间的直方图可以看到，照片的高光部位不够亮，缺乏像素，如图3-36所示。

图3-36

第03章 明暗影调层次

第 1 步要考虑先将照片的高光部位的像素调整到合理的程度。在"曲线"对话框中，向左拖动白色滑块（或者是使用鼠标点住右上角的锚点，向左拖动），并随时观察 Photoshop 主界面的明度直方图，让亮部的像素刚好触及右侧边线，且没有堆积，如图 3-37 所示。这样，就将照片的高光部位调整到了合理的亮度。

图 3-37

第 2 步分析此时的照片，会感觉画面各处的亮度都差不多。换句话说，就是影调层次太单调了。处理时可以考虑突出两个目标：一是栅栏内的牛群；二是天空的光线。

突出目标的手段是，尽量确保天空和牛群的亮度不变，而降低周边环境的亮度，这样既可以丰富画面的影调层次，又可以让处于亮部的天空和牛群醒目。

单击选中"目标选择与调整工具"，将鼠标移动到前景的草地上，点住向下拖动，使这部分压暗，如图 3-38 所示。

图 3-38

确保依然选中"目标选择与调整工具"，接下来恢复牛群的亮度。将鼠标移动到牛群身体上浅色的部分，点住向上拖动，以提亮。此时的操作过程与照片的画面效果如图 3-39 所示。

图 3-39

最后，将鼠标指针移动到牛群与天空中间的部分，点住向下拖动，以降低亮度。注意，此时生成的锚点与牛群对应的锚点距离较近，因此在向下拖动远景的锚点时幅度不宜过大，否则会让曲线不够平滑，画面效果失真。此时调整的过程与照片的画面效果如图 3-40 所示。

图 3-40

　　至此，照片大致调整完毕。单击"确定"按钮返回软件主界面，再将照片保存就可以了。照片调整前后的效果对比如图 3-41 所示。

原片　　　　　　　　　　　　　　调整后的照片效果

图 3-41

小提示

总结

　　使用"目标选择与调整工具"可以快速、准确地对照片的影调进行精确调整。数码后期中，在对照片的明暗影调层次调整时，主要就是使用"曲线"对话框中的"目标选择和调整工具"来完成的。

3.5　其他工具或思路

　　对照片影调的处理，主要的工具就是色阶、曲线和阴影 / 高光这 3 种。此外，在 Photoshop 中还有亮度 / 对比度、曝光度调整这两种调整工具，下面分别进行简单的说明。

　　在通常情况下，"亮度／对比度"调整是一些初学者在没有掌握曲线等工具时的无奈之选，因为这款工具非常简单，可以快速对照片的整体影调进行处理。打开照片，在"图像"—"调整"菜单内选择"亮度／对比度"菜单命令，即可打开"亮度／对比度"对话框，如图 3-42 所示。

图 3-42

　　在该对话框中，"亮度"调整类似于在"曲线"对话框中简单地向上或向下拖动曲线；"对比度"调整则类似于建立 S 形曲线，可以增强照片中间灰调区域的对比和反差，从而在一定程度上美化照片整体的影调效果，如图 3-43 所示。不过，也仅止于此，即亮度和对比度功能是比较单一的，无法对照片局部影调进行处理。

　　相对来说，"图像"—"调整"菜单内的"曝光度"命令则比较鸡肋——对于一般的 JPEG 格式照片来说，由于不是原始的照片格式，并且位深度不够，一旦改变曝光值，就会损失大量高光或暗部细节，因此在摄影后期中很少使用这一功能。

图 3-43

小提示

关于"使用旧版"

　　在"亮度／对比度"对话框中，请不要勾选"使用旧版"，否则稍稍提高对比度，就容易造成照片高光或暗部的溢出，以致损失细节。

第**04**章　调色：
原理与工具

整体来看，调色是数码后期非常难的一个点，它需要用户掌握两方面知识：其一是最基本的色彩原理和变化规律；其二是多种调色工具的使用技巧，这些调色工具包括白平衡校正、色彩平衡、曲线调色、可选颜色、自然饱和度和色相/饱和度。

在开始学习本章的知识之前，我们再次强调：如果不理解色彩原理和规律，调色工具用得再好，那也只是"知其然而不知其所以然"。

4.1　从色彩三要素到调色

针对色彩的学习和描述，用户只要掌握 3 个概念即可，分别是色相、纯度和明度。

色相与混色原理

色相是用户通常所说的不同色彩种类，例如红色就用红色相来描述，绿色就用绿色相来描述……

自然界中的色彩来源于太阳光线，而太阳光线却是没有颜色的，往往用白色来代替。经过实验，人们发现可以将太阳光线分解成七色光谱，分别为红色、橙色、黄色、绿色、青色、蓝色、紫色。这可以通过三棱镜进行分解证实，它的原理非常简单，是利用不同光波的折射率不同而实现的，如图 4-1 所示。

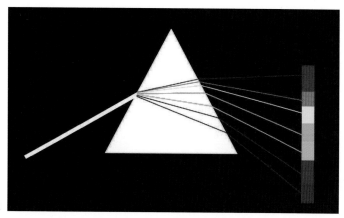

图 4-1

如果对已经被分解出的 7 种光线再次逐一进行分解，可以发现红色、绿色和蓝色光线无法被继续分解，而其他 4 种橙色、黄色、青色、紫色又可以被再次分解。结果很有意思——最终也被分解为了红色、绿色和蓝色这 3 种光线，所以红色、绿色、蓝色也被称为三原色。图 4-2 就可以描述色彩的这种变化规律。

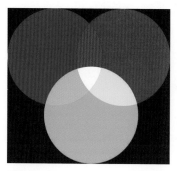

红色 + 绿色 = 黄色；

绿色 + 蓝色 = 青色；

红色 + 蓝色 = 洋红色（即粉红色、品红色）；

红色 + 绿色 + 蓝色 = 白色。

最终还可以得出黄色 + 蓝色 = 白色、绿色 + 洋红色 = 白色、青色 + 红色 = 白色的结论。

图 4-2

三原色色彩叠加的示意图并不全面，也不便于记忆。为了更好地描述色彩叠加的原理并便于记忆，人们绘制出了图 4-3 所示的色轮。对于色轮，用户应总结出以下规律。

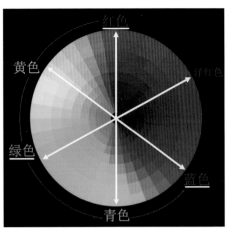

① 色彩是逆时针按照红色、橙色、黄色、绿色、青色、蓝色、紫色（洋红色）这个顺序排列的。

② 红色与绿色之间就是它们能混合出的黄色；红色和蓝色之间就是它们能混合出的洋红色；蓝色和绿色之间就是它们能混合出的青色。

③ 色轮上相邻的色彩彼此称为相邻色；位于一条直径两端的色彩为互补色，互补的两种色彩叠加可出白色。

图 4-3

在后期软件中，几乎所有的调色都是以互补色相加得到白色这一规律为基础来实现的。例如，如果照片偏蓝色，就表示拍摄场景被蓝色光线照射。在调整时只要降低蓝色、增加黄色，让光线变为白色，拍摄的照片色彩就准确了。这便是最简单、直接的后期调色原理。

另外，用户还需要掌握以下两条非常重要的规律。

① 相邻配色的照片，因色彩之间有些相似，搭配看起来会非常自然、协调，给人安静、舒适的感觉，如图 4-4 左图所示，但如果控制不好，可能会缺乏层次感。

② 互补配色的照片，色彩差别很大，照片看起来视觉冲击力十足，如蓝色的天空与黄色的地面景物相配，就是明显的互补配色，如图 4-4 右图所示。

图 4-4

纯度与色彩浓郁度

纯度也称为饱和度，两者是同一个概念，至少在色彩领域和摄影圈里没有区别。不过，用户对"饱和度"这一概念的认知程度肯定是更高一些的。如果一定要在两个概念之间找些区别，那么就是"纯度"的引申意义更多一些，例如用户经常说某些液体纯度的高低等。

图 4-5

虽然用户的认知程度不高，但用纯度来描述色彩，也是很贴切的。因为色彩饱和度的高低就是以色彩加入消色（灰色）成分的多少来界定的。如果在色彩中不加入消色成分，那么色彩自然是最纯的，饱和度也最高；加入的消色成分越多，色彩就越不纯，即饱和度就越低。从图 4-5 中可以看到，色彩饱和度自上而下逐渐变低，也是自上而下掺入的灰色开始变多的缘故。

在数码照片中，高饱和度的景物往往能给人强烈的视觉冲激，很容易吸引到注意力；低饱和度的景物给人的感觉会平淡很多，不容易引起欣赏者的注意力。不过，并不是说照片的饱和度越高越好，甚至在后期修片时往往还要适当降低饱和度。因为饱和度较高时，画面虽然艳丽，但会让景物表面出现色彩溢出，损失细节层次，也不耐看；低饱和度照片虽然色彩不够浓郁，但更容易表现出细节层次，增强画面的视觉冲击力。建筑、纪实、人像等题材的照片，要求必须能够让对象表面呈现出较多的细节纹理，因而不能进行高饱和度处理，如图 4-6 左图所示；风光、花卉等题材的照片，色彩的表现力尤为重要，通常饱和度会稍高一些，如图 4-6 右图所示。

图 4-6

明度与影调层次

色彩三要素的最后一个概念是明度。顾名思义，明度是指色彩的明亮程度，也可以说是色彩的亮度。在色彩中加入灰色，会让饱和度降低，那么如果加入黑色或是白色呢？同样地，饱和度也会降低。除此之外，色彩的明暗程度还会发生变化。如图 4-7 左图中间一行色彩所示，笔者列出了红色、橙色、黄色、绿色、青色、蓝色、紫色这 7 种色彩。如果在每种色彩中都加入白色（图中向上的变化），就会发现色彩明显变亮了；如果加入黑色（向下的变化），就会发现色彩变暗了。这就是色彩明度（亮度）的变化。

因为彩色图的效果并不明显，转为灰度图，如图 4-7 右图所示。此时，就会发现：黄色的亮度最高；青色的亮度次之，橙色和绿色的亮度再次之；其他色彩的亮度就更低了。最后经过仔细对比，可以发现色彩的明度由亮到暗依次是黄色、青色、橙色、绿色、红色、紫色、蓝色。

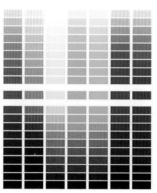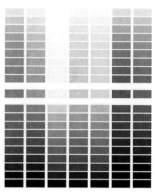

图 4-7

如果在原有色彩中加入白色，那么随着加入的白色越多，色彩也会变得越亮，最后就变为了纯白色（图中向上的变化）；如果在原有色彩中加入黑色，那么随着加入的黑色越多，色彩也会变得越暗，最后就变为了纯黑色（图中向下的变化）。

色彩的明度变化会体现在实际的照片中。在图 4-8 中用户可以很清楚地看到，黄色非常亮，红色就要暗一些，而穿蓝色衣服的人物是最暗淡的。对照前面得出的黄色系明度较高、蓝色明度较低的结论，相信用户也就明白了。

了解了色彩明度的概念和规律后，就会发现，在后期调色时它将对照片的明暗层次产生一些影响。如果掌握了这种明度变化规律，就将有助于后期调色时对照片明暗影调层次的控制。

图 4-8

4.2　白平衡与色温调色

理解白平衡与色温

　　先来看一个实例。将同样颜色的蓝色圆分别放入黄色和青色的背景当中，然后来看蓝色圆给人的印象。用户会感觉到不同背景中蓝色圆的色彩是有差别的。为什么会这样呢？这是因为用户在看这两个蓝色圆时，分别以黄色和青色的背景作为参照物，所以感觉会发生偏差，如图 4-9 所示。

　　在通常情况下，用户需要以白色为参照物才能准确辨别色彩。红色、绿色、蓝色 3 色混合会产生白色，然后这些色彩就是以白色为参照物才会让用户分辨出其准确的颜色。所谓"白平衡"就是指以白色为参照来准确分辨或还原各种色彩的过程。如果在白平衡调整过程中没有找准白色，那么还原的其他色彩就会出现偏差。

　　换句话说，无论是人眼看物或是用相机拍照，都要以白色为参照物才能准确还原色彩，否则就会出现人眼无法分辨色彩或是照片偏色的问题。相机定义白色的过程，就是白平衡调整。

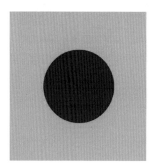 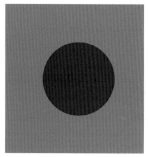 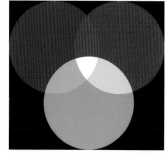

图 4-9

　　在后期软件中对照片色彩的校正和恢复，也需要先找到白平衡标准。在介绍后期软件中的白平衡调整之前，用户需要先理解以下两个问题。

① 白卡 / 灰卡的选择：在相机内进行手动自定义白平衡（尼康称为手动预设白平衡）时，应像刚介绍的那样，使用白卡作为自定义的对象。事实上，用户也可以使用灰卡自定义白平衡，即用灰卡代替白卡作为不同环境中的白平衡标准。在有些相机的说明书中，甚至还专门提到了"18% 灰度卡可以更精确地设置白平衡"。这是因为白色、灰色都没有色彩倾向，但白色过高的反射率会对白平衡的校正产生一些不利影响，而灰卡却能始终稳定地为相机提供白平衡标准。

② 白平衡与色温的关系：色彩是用温度来衡量的，也就是色温。不同色彩的光线既对应着不同的色温，又对应着一定的白色，那也可以说色温与该场景的白色是对应关系。举一个例子来说，在晴朗白天的室外，除

早晚两个时间段之外，其余时候色温均为5200K左右，而相机据此设定了日光白平衡模式，但实际上用户也可以直接在相机中手动设定这个色温，然后相机就可以根据这个色温来确定白平衡标准，如图4-10所示，从而拍摄出色彩准确的照片了。

图4-10

白平衡调整实战

之所以介绍这么多，是因为在后期软件中，当对照片进行白平衡校正时，就是使用中性灰来进行色彩还原的。当对照片进行处理时，只要找到了合适的中性灰，其他颜色只要与其对比就能得到相对准确的还原了。下面通过具体的实例，来介绍在Photoshop中进行白平衡调整的技巧。

在Photoshop中打开要处理的照片，如图4-11所示。照片整体偏色，是由非常明显的白平衡不准造成的。拍摄风光时，早晚的暖色调会让照片更加漂亮，但拍摄人像时却并不合适，还是应该设定更准确的白平衡，以还原人物的肤色。

在后期软件中，可以对这种白平衡不准的照片进行校正。

图4-11

打开照片后，在 Photoshop 主界面上方的菜单栏中选择"图像"菜单，在打开的菜单中选择"调整"菜单项，然后在最终的子菜单中选择"曲线"菜单项，打开"曲线"对话框，如图 4-12 所示。

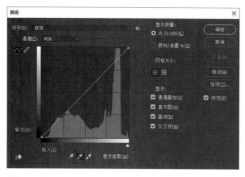

图 4-12

在该对话框的底部有 3 个吸管，自左至右分别用于设置黑场、灰场和白场。黑场用于定义照片中最黑的位置；白场用于定义照片中最亮的位置。在使用黑色或白色吸管定义照片的明暗影调时，如果位置选取错误，那么就会出现问题。灰场，则主要用于白平衡调整（之前已经介绍过了），一旦用灰色吸管进行取色，那就表示告诉软件用户选取的颜色是 50% 中性灰，软件就会根据用户选的中性灰进行色彩校正。一旦用户选的位置不正确，那色彩肯定就无法被很好地还原，但不会对照片的明暗影调产生很明显的影响。

选择灰色吸管，在所打开的照片中找到中性灰的位置，单击。此时，可以发现色彩发生了变化，即进行了白平衡校正。从曲线图中用户也能看到红色、绿色和蓝色 3 条曲线被分离了，这说明进行了调色操作，如图 4-13 所示。

对于 50% 中性灰的位置，最简单的方法就是根据用户眼睛的判断来选择，像是呈现出灰色的柏油路、电线杆、水泥墙体等。然而，这样选择中性灰，并不会特别准确。在本例中，可以作为中性灰的有多个位置，比如灰色的水泥柱子、石子路等。

图 4-13

因为没有通过技术手段准确地找到中性灰，所以可以多尝试几个位置进行白平衡的校正。在"曲线"对话框中选择灰色吸管后，只要在画面中不同的位置单击就可以了。

小提示

　　如果用户找到的中性灰位置是偏暖色的，那么校正白平衡后的照片色彩就会偏冷色的；如果确定的中性灰位置是偏冷色的，那么校正白平衡后的照片色彩就会偏暖色。这两种都是不准确的，只有找到了真正的中性灰位置，照片色彩才能准确还原。

　　经过多次定义中性灰，用户就可以找到最合适的照片色彩了。这可能并不是 100% 准确的色彩还原，却是用户当前最满意的。经过这种白平衡的校正后，将照片保存就可以了。照片处理后的效果如图 4-14 所示。

图 4-14

　　以上白平衡校正的方法，其核心就是找到中性灰。根据用户的认知，地面、金属、墙体等本身就是灰色的，这是常识，所以在白平衡校正时找这些位置就可以了。当单击灰色吸管进行一次白平衡校正后，如果发现无法实现准确校色，很简单，按 Ctrl+Z 组合键撤销，（之所以撤销操作，是因为要让照片恢复到原始状态，便于用户再次观察中性灰的位置。如果不撤销操作继续用吸管进行操作，对最终的校色效果是没有影响的，但不便于对比观察。）然后再次进行操作，多尝试几次总能找到合适的位置。利用这种方法，最终找到的中性灰的位置，可能并不是 100% 准确，但经过多次尝试后总能校正出满意的照片色彩。

批量进行白平衡校正

　　笔者用了很大的篇幅讲解照片白平衡的校正，足见该调整的重要性，但会有许多初学者都感觉得不偿失，花大力气对照片进行调整，最终却发现有的照片色彩准确，有的偏冷一些好看，而另外一些则是偏暖一些好看，这样最终一组照片的色彩就乱了，不够协调、统一。

　　正常来说，在同一场景里拍摄的组照，还是应该色彩统一、协调起来更好。这时，用户可以对照片批量进行白平衡校正，让组照风格保持协调一致。下面以在草原天路拍摄的一组照片为例，介绍批量白平衡操作的技巧。

　　打开 Photoshop，在"文件"菜单中选择"在 Bridge 中浏览"菜单项，弹出"Bridge"界面。在左侧的文件夹目录中找到并点选"要调整组照所在的文件夹"，可以看到文件夹中的照片就显示在了右侧的内容预览窗格中。按住 Ctrl 键，分别点选要进行批量调整的照片，单击鼠标右键，在弹出的快捷菜单中选择"在 Camera Raw 中打开"菜单项，如图 4-15 所示。

图 4-15

　　无论是什么格式的照片，此时都会载入到 Camera Raw 增效工具中。因为笔者同时选中了多张照片，所以在增效工具的左侧可以看到这些照片，如图 4-16 所示。在左侧照片列表中单击选中第 1 张照片，接下来在 Camera Raw 增效工具上方的工具栏中，单击选中白平衡工具，然后找到照片中的近似于 50% 中性灰的位置单击，即可完成该照片白平衡的校正。此时，可以发现照片色彩发生了变化。

　　如果用户感觉白平衡校正后的色彩仍然不够理想，那么就可以根据之前介绍过的色温知识，在右侧的"基本"选项卡下调整色温与色调值，以让照片的色彩变得更理想。

图 4-16

　　对第 1 张照片进行白平衡校准后，按 Ctrl+A 组合键全选
所有照片，或是在按住 Ctrl 键的同时分别单击各照片，全选
这些照片，然后单击列表右上方的下拉列表按钮，在打开的菜
单中选择"同步设置"菜单项，如图 4-17 所示，将对第 1 张
照片所做的修改同步到选中的所有照片中。

　　此时，会弹出"同步"对话框，在该对话框中，用户首
先要确保"白平衡"选项处于选中状态，因为进行的就是白平
衡的同步，最后单击"确定"按钮返回，如图 4-18 所示。至
于其他选项，这里不必管。

图 4-17　　　　　　　　图 4-18

　　至此，同时打开所有的照片都被校正成了同样的白平衡。
因为是在同一场景、同样光线下拍摄的照片，所以色彩基本上
是一样的。进行批量的白平衡校正，可以让组照的色彩协调、
一致。即便是从左侧的照片列表缩略图中，用户也可以看到色
彩的变化，以及最后的一致性，如图 4-19 所示。

　　调整完毕后，用户有两种选择：选择"打开图像"则可
以将增效工具内的这些照片同时在 Photoshop 中打开；单击
"完成"按钮，关闭增效工具，但下次打开这些照片中的任意
一张后，都可以看到校正后的白平衡。

图 4-19

4.3　色彩平衡

　　当对一般的风光题材进行调色时，"色彩平衡"工具是非常好用的。这种工具简单、易用，功能强大。如果对照片调色的精度要求不是太高，并且要求快速调整，那么就可以考虑使用这一功能。

　　下面通过具体的案例操作，来介绍"色彩平衡"工具的使用技巧。打开的照片如图 4-20 所示，可以看到照片是偏蓝色、偏紫色的。

图 4-20

在 Photoshop 中打开照片后，在"图像"菜单中选择"调整"菜单项，然后在打开的子菜单中选择"色彩平衡"菜单项，打开"色彩平衡"对话框，如图 4-21 所示。

在"色彩平衡"对话框中，首先要注意的是青色 - 红色、洋红色 - 绿色、黄色 - 蓝色这 3 组相对的色彩（这 3 组参数的选择是有讲究的，它们是针对三原色与其相对色彩的调整）。在"色彩平衡"对话框中，每组相对（指位于色轮直径两端）的色彩是两两互补的。互补的两种色彩混合后会变为白色。

图 4-21

以青色 - 红色为例，假如一张照片偏青色，那是因为青色过多、红色过少，对此只要增加红色，就相当于减少青色，让青色和红色的混合比例发生改变，这样照片就会逐渐变为白色光线下的正常色彩了。

然而，照片并不是只有"青色 - 红色"这一组色彩，用户需要通过调整 3 组相对的互补色来对整张照片的色彩进行调整。只要分别将这 3 组色彩都调整到位，那么照片色彩也就调整到位了。

之所以说"色彩平衡"调整功能强大，是因为该功能还可以分别对照片中的亮部、中间调和暗部进行调色。对话框底部的"阴影""中间调"和"高光"3 个选项就分别对应着暗部区域、中间调区域和亮部区域。如果用户要对照片中较亮的区域进行调色，就要提前选中"高光"选项，再拖动色彩滑块。中间调和暗部的调整也是如此。

回到所打开的照片上来。因为照片整体偏蓝色、偏紫色，所以要先对影响照片最明显的中间调进行调整。确保底部选择了中间调选项，然后减少蓝色，并适当减少红色，这样照片就不再偏紫色了。参数调整及照片效果如图 4-22 所示。

图 4-22

对中间调调色后，可以发现照片中的天空部分不够蓝、不够清澈，而天空又属于照片的亮部，因此用户要先选中"高光"选项，再稍微减少红色、增加青色，并适当增加蓝色，这样天空就会变得更加清澈。中间处于光线照亮部分的树木有些偏红色，因此适当减少洋红色、增加绿色，这样会让树木的色彩更加真实。参数调整及画面效果如图 4-23 所示。

图 4-23

至此，照片基本上就调整完成了。针对本例，笔者没有必要对阴影部分进行过多干涉，尽管可以看到"色彩平衡"对话框底部有一个"保持明度"复选项。照片的色彩调整平衡后，是趋向于让景物显示在白色光线下的效果，那照片就会变得明亮一些。如果勾选了"保持明度"复选项，就表示让调色后的照片依然保持原片的明度，不要变得过于明亮。从图 4-24 的效果也可以看到，取消勾选该复选项后，照片是变亮了一些。

在一般情况下，应该勾选这个选项，但也不是绝对的，本例中取消勾选后，照片就变得更加漂亮了。

图 4-24

这样，照片就最终处理完成了，处理前后的效果对比如图 4-25 所示。

原片

调整后的照片效果

图 4-25

4.4 曲线调色

利用"色彩平衡"调整可以快速校正一些偏色的照片，并对亮部、暗部和中间调进行分区调整，非常好用，但如果说到更强大、精度更高的调色工具，则非曲线莫属。

本节将通过具体的照片，来介绍曲线调色的技巧。首先，打开要处理的照片，如图 4-26 所示，可以看到天空与水面部分的色调是不一致的——天空偏紫色；水面偏青色。

图 4-26

在"图像"菜单中选择"调整"菜单项，然后在打开的子菜单中选择"曲线"菜单项，打开"曲线"对话框，如图 4-27 所示。

在"曲线"对话框的通道下拉列表中有 4 个通道。其中，RGB 是复合通道，对应着曲线对话框中的黑色基线，用于调整照片的明暗。此外，还有红、绿、蓝 3 个通道，分别对应着红、绿、蓝单色基线，用于调整照片中红色、绿色、蓝色的数量比例。举个例子来说，在通道中选定绿通道，曲线就变为了绿色的基线。向下拖动这条基线，即可让照片中的红色比例下降。根据之前学过的色彩混合原理（洋红色 + 绿色 = 白色，故减少绿色就相当于增加洋红色），这样照片就会变得偏洋红色了。

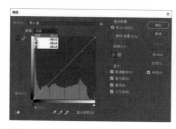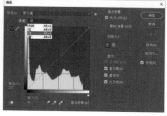

图 4-27

回到本例所要处理的照片上来。因为天空同时包含着高光、阴影与中间调，如果用"色彩平衡"来进行调整，就容易让天空各部分都出现色彩的断层，而使用曲线对天空的区域进行调色，效果则会更理想。因为天空偏紫色，而紫色又是由蓝色与红色混合而成的（色轮上紫色介于蓝色与红色中间，从这个规律可以大致判断出一些混合色的来源），那减少红色，就可以让天空区域的紫色减轻，同时还会让天空偏一些青色，效果更好。

具体调整时，在通道中选择红通道，这样曲线就变为了红色基线。在对话框的左下角单击选中"目标选择与调整工具"，即对话框左下角的小手图标，将鼠标指针移动到天空偏紫色的位置。此时，光标为吸管状态。如果按下鼠标左键不放并向下拖动，鼠标指针就会变为小手图标，并且拖动时还会在向下弯曲的红色曲线上生成锚点，这一过程相当于减少了红色，使照片画面的紫色变轻，如图 4-28 所示。

图 4-28

天空的紫色降下来之后，用户会发现水面部分也受到了干扰，变得有些偏绿色了。在"曲线"对话框中有绿通道，这就简单了，只要选择绿通道，适当减少水面部分的绿色就可以了。在具体操作时，选择绿通道，打开绿曲线，选择"目标选择与调整工具"，将鼠标指针放在水面严重偏绿色的位置，点住向下轻轻拖动，以解决这部分偏绿色的问题，如图 4-29 所示。

图 4-29

　　至此，照片中天空与水面的色彩就协调起来了。不过，仔细分析照片后就会看到，作为主体的游船有些偏暗，没有从画面中"跳"出来。为此，可以适当提亮这部分，让其变得突出。在通道中切换回 RGB 通道，继续选中"目标选择与调整工具"，将鼠标指针放在游船上，点住左键向上拖动，即可调亮这部分，如图 4-30 所示。

图 4-30

因为曲线是平滑的，所以相应的其他区域也会变亮，如天空部分就同时被提亮了。这时，可以将鼠标指针移动到天空位置，点住后向下拖动，适当将天空的亮度追回一些，之后再用同样的方法适当压暗游船周边的一些景物。调整后的曲线和画面如图 4-31 所示。

图 4-31

至此，照片就基本调整完了。单击"确定"按钮可以返回软件主界面，如图 4-32 所示。在此时的"曲线"对话框中，用户可以清楚地看到调整后单色曲线和 RGB 复合曲线的形状。本例的调整还是比较简单的，在对单色通道调整时只对一个位置调色（该单色曲线上只使用了一个调整锚点）就达到了要求，但在实际的应用当中，当选中某个单色通道后，可能像对 RGB 复合通道的调整那样，需要对多个位置进行调整才能满足要求。

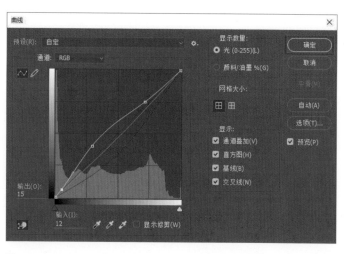

图 4-32

如果对照片比较满意了，就在"文件"菜单中选择"存储为"菜单命令，将照片保存。照片调整前后的效果对比如图 4-33 所示。

原片　　　　　　　　　　　调整后的照片效果

图 4-33

曲线调色是非常专业和有效的工具，在以后的数码后期过程中，用户不妨尽量多尝试使用这款工具进行调色。在本书后续的众多实战案例中，无论是调明暗还是调色，笔者也将主要使用曲线工具操作完成。

4.5　可选颜色

利用色彩平衡和曲线调整，基本上能够确保你可以对大部分照片都进行色彩控制了，但有时效果并不尽如人意。与色彩平衡对照片整体、暗部或亮部区域进行调色的方式不同，可选颜色是针对照片中某些色系进行的精确调整。举一个例子来说，如果照片偏蓝色，利用"可选颜色工具"可以选择照片中的蓝色系像素进行调整，并且还可以增加或消除混入蓝色系的其他杂色。

下面通过具体的应用，来介绍这款工具的使用方法。打开要处理的照片，如图 4-34 所示，可以看到照片有些偏黄色，笔者想要让照片中人物的肤色变正常。

图 4-34

在"图像"菜单内选择"调整"菜单项，然后在打开的子菜单中选择"可选颜色"菜单项，打开"可选颜色"对话框，如图 4-35 所示。对于"可选颜色"功能的使用，虽然看似不易理解，但实际上却非常简单。在对话框中间上方的颜色下拉列表中，有红色、黄色、绿色、青色、蓝色、洋红色色彩通道。另外，还有白色、中性色和黑色 3 种特殊的"色调"通道。如果要调整哪种颜色，只要先在这个颜色列表中选择对应的色彩通道，然后再对照片中相应的色彩通道进行调整就可以了。

图 4-35

下面结合着实际照片来介绍。观察照片可以看到，人物肤色是偏黄色的，那用户只要对照片的黄色通道进行处理就可以了。在颜色通道下拉列表中选择黄色，这表示将照片的黄色系（及与黄色相邻的部分色彩）通道都选中了，然后适当拖动底下的黄色滑块，降低黄色的比例。此时，可以看到照片的黄色减弱，参数调整及画面效果如图 4-36 所示。

图 4-36

黄色减弱后，可以看到照片还稍稍有些偏洋红色，那就很简单了，只需在黄色通道中，再适当降低洋红色的比例即可。这样参数调整及画面效果如图4-37所示。

图 4-37

原片偏红黄色，通过上述处理将黄色减下来之后，照片就只是偏一些红色了。接下来的处理很简单，先在颜色通道中选择红色，表示将要对照片中的红色系进行调色。这时，可以看到下方只有青色、洋红色、黄色和黑色这几个调整项，没有红色，那怎么办呢？其实非常简单，只要根据混色原理，适当提高青色的比例就可以了，然后再分别对洋红色和黄色进行轻微的调整。参数调整及画面效果如图4-38所示。

图 4-38

至此，照片中人物的肤色基本上就调整到位了。不过，画面整体给人的感觉还是有些暗淡，需要对明暗再进行适当的微调，这就需要使用白色、中性色和黑色几个颜色通道了。

在学习过如此多的 Photoshop 知识之后，相信用户能很快就自己想明白——白色主要是针对照片中的高光区域进行调整；黑色主要是针对暗部区域进行调整；中性色则是针对照片中占据绝大部分的中间调区域进行调整。其中，在中性色下调整的效果最为明显。

针对本例，笔者只需对中性色进行微调，优化照片的色调和影调效果即可。在颜色通道中选择中性色，然后在底部适当减少黑色，就相当于提亮照片，最后单击"确定"按钮返回即可，如图 4-39 所示。

图 4-39

返回软件主界面后，将照片保存就可以了。照片调整前后的效果对比如图 4-40 所示。

原片

调整后的照片效果

图 4-40

在"可选颜色"对话框中，还有"绝对"和"相对"两个参数。所谓的"绝对"，是针对某种色彩的最高饱和度值来说的；所谓的"相对"，是针对具体照片中某种色彩的实际饱和度值来说的。同样调整 10% 的色彩比例，在设定为"绝对"时，调整的效果是非常明显的，因为是总量的 10%，而在设定为"相对"时，效果则柔和很多。在具体应用当中，用户是针对当前照片进行调整的，故应该设定为"相对"。

为了便于理解，下面举例来说。假设青色的最高饱和度值为 100，但在实际的一张照片中则要低一些的，假设为 60。用户用"可选颜色"对照片的青色系进行调整，降低 50% 的青色。如果设定"相对"的话，那么是针对该照片 60 的青色饱和度来说的，调整后照片的青色饱和度就变为了 30；如果设定"绝对"的话，那么是针对该照片青色最高 100 的饱和度来说的，调整后照片的青色饱和度就只剩下 10 了。换句话说，只要设定"绝对"，调色的效果就会明显很多。

在调整照片的同时，笔者还介绍了"可选颜色"这一功能的原理及使用方法。在商业人像摄影中，"可选颜色"的使用频率相当高，是最受欢迎的调色工具。喜欢人像摄影的用户，可以好好学习和使用这款工具。

4.6　饱和度与自然饱和度

从色彩的角度来说，如果一张照片没有发生偏色，比如拍摄的天空变为青色、拍摄的人物偏红色等，那么用户关注的点可能就在于画面局部或整体的色彩饱和度（比如色彩是否足够靓丽、足够浓郁等）了。

对于一张照片来说，如果饱和度较高，色彩浓郁，就会有强烈的视觉效果，特别容易吸引到他人的注意力。对于一些饱和度较低的图像，看起来会显得平淡，因此可能需要通过适当提高饱和度来强化画面效果。在数码后期中，除一些不懂后期的摄影新人之外，大部分摄影师其实都很少直接提高照片的饱和度，因为它是一款非常"笨"的工具。如果控制不好，会让照片损失大量的色彩细节层次，显得不够真实、自然。

在数码后期中，有关色彩饱和度调整的另外一个功能是"自然饱和度"调整。两者有什么区别呢？通俗来讲，"饱和度"提高的是照片中所有色彩的浓郁程度，这样，原本饱和度已经较高的色彩，会继续升高，照片就会变得不自然；"自然饱和度"功能则可提高照片中饱和度较低的色彩浓度，且不会再提高饱和度已经较高的色彩浓度，这样，最终的效果就是照片整体看起来更自然，给人舒适的视觉感受。下面笔者用一张照片在调整前后的效果对比进行说明。

打开照片，如图 4-41 所示。

图 4-41

在"图像"菜单中选择"调整"菜单项，然后在打开的子菜单中选择"自然饱和度"菜单项，打开"自然饱和度"对话框，如图 4-42 所示。此时，可以分别对自然饱和度与饱和度进行调整。

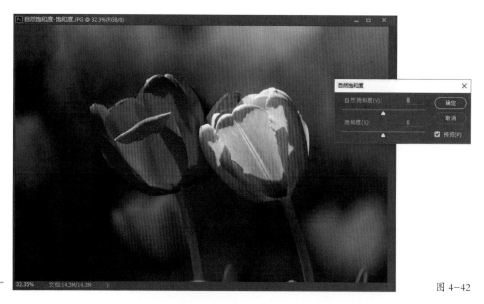

图 4-42

调整时的操作非常简单，只要分别拖动自然饱和度与饱和度下面的滑块即可。笔者先将自然饱和度调到最高，却发现背景原本偏低的饱和度变高了，而原本已经较高的花朵饱和度则只是有轻微的变化，效果并不明显。从整体上看，这时照片的色彩还是十分自然的，如图 4-43 所示。

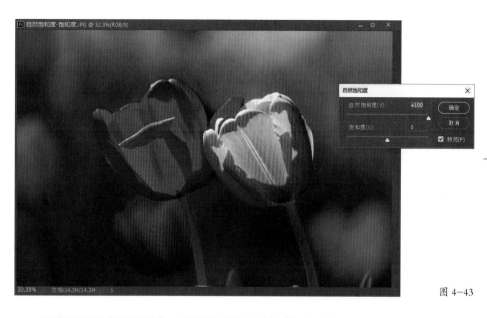

图 4-43

　　将自然饱和度恢复原状，再单独将饱和度调整到最高。这时会发现，无论是背景还是主体花朵，它们的饱和度都变得更高了，特别是红色的花朵部分，过高的饱和度已经让表面损失了细节层次，变为了一团色块，严重失真，如图 4-44 所示。

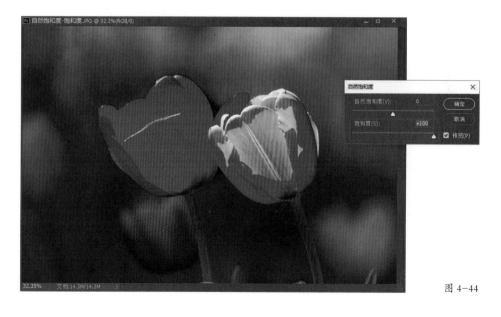

图 4-44

　　由此可知，在后期对景物的色彩浓郁度进行调整时，应该修改的是自然饱和度，而不是饱和度。

　　这里，有 3 个知识点需要用户注意一下。

① 在后期修片时，一般都会提高照片的明暗对比度，强化影调层次，但随之而来的是，饱和度也会变高（提高对比度可强化像素之间的反差，这种反差除明暗之外，还包括色彩饱和度），所以，在照片处理的流程控制和衔接方面，对自然饱和度与饱和度的调整，应该在调整明暗影调之后再进行！如果先调整了色彩饱和度，那么之后的对比度调整还会影响调整效果。

② 无论是风光、人像，还是其他的题材，进行了对比度调整之后，在一般情况下不需要再提高饱和度了。

③ 在大多数情况下，对照片色彩饱和度的调整，进行最多的处理往往不是提高饱和度，而是降低饱和度，让画面的色彩更加真实、自然。如果画面的色彩确实太淡，那么就还要适当提高自然饱和度。

4.7 色相 / 饱和度

有很多时候，用户只是想调整照片中某些色彩的色相或是饱和度，而不改变另外一些色彩，那使用上面介绍的"自然饱和度"对话框就无法实现了。这时，就需要使用"色相 / 饱和度"调整功能了。这里依然通过一个具体的案例，来介绍色相 / 饱和度功能的使用技巧。在 Photoshop 中打开照片，如图 4-45 所示。

图 4-45

照片整体还是比较理想的，且笔者想要达到的效果也很简单：仅保留花朵的色彩，而将黄绿色的荷叶和远处的杂草都转为灰度状态。为此，有一种直接但却复杂的办法是利用"套索工具"先将荷花勾选出来，再进行反选，为荷叶和杂草都建立了选区，然后将选区内的景物饱和度都降为0，从而实现了目标。不过，建立选区的过程实在麻烦，还不如直接使用"色相/饱和度"功能来得简单。

在"图像"菜单中选择"调整"菜单项，然后在打开的子菜单中选择"色相/饱和度"菜单项，打开"色相/饱和度"对话框，如图4-46所示。对话框中主要的调整参数就是色相、饱和度和明度这3项，经过前面的学习，相信用户能够理解。另外，还要注意"全图"这个下拉列表，点开后可以看到有红色、黄色、绿色、青色、蓝色和洋红色这几种色彩通道，选中某条通道，就表示将要调整相应的色系。

在"色相/饱和度"对话框底部可以看到两个色条，中间还有3个灰色区间。上面的色条对应着色彩的原始状态；下面的色条对应着调整后的色彩状态。在没有进行任何调整时，上下两个色条是完全一样的。

假设用户选择了红色通道，那么接下来的调整针对的就是照片中红色系像素的。此时，出现在两个色条中间的3个灰色段限定了调整的色彩范围，中间的浅灰色段表示用户选择的是红色通道，将对照片中非常纯正的红色像素进行调整。然而，在实际应用当中，像素的色彩都不会是特别纯的，所以两侧的深灰色段起到了过渡的作用，它们有点类似于之前接触的"羽化"这个概念，其作用主要是在调色时，让色彩的过渡平滑一些，不要出现断层。

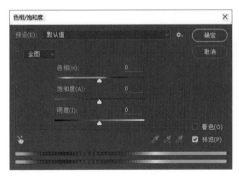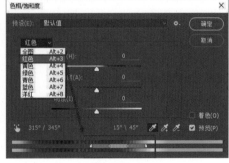

图 4-46

下面通过具体的色彩调整，来进行实际操作。

通过观察可以看到，荷叶和杂草部分都是绿色的，那在"色相/饱和度"对话框的通道中选择绿色通道。此时，底部中间的3个灰色段就定位到了绿色区域——中间的浅灰色段准确地对应了绿色，而两侧的深灰色段则辐射到了一些与绿色相邻的黄色和青色上，如图4-47所示。

图 4-47

为了避免灰色段定位的绿色与照片背景的绿色不相符，需要选择"吸管工具"在照片的背景中取色。取色的过程也是定位的过程，可以确保灰色段定位的区间能够正好对应到照片中要调整的色彩上，如图 4-48 所示。

图 4-48

完成定位后，将饱和度下的滑块拖到最左侧，即 –100 的位置。这时，可以看到照片中对应的色彩已经变为了灰度状态，与此同时，对话框最底下的输出色条也变为了灰度状态。这样浅灰色段对应的区域变为纯灰度，而两侧深灰色段对应的区域则有一个渐变的灰度，如图 4-49 所示。

图 4-49

现在，除绿色系被调整为了灰度以外，背景中仍然有些区域是彩色的，因为这些区域的绿色成分并不多，可能为青色、黄色。

接下来的操作非常简单，选择对话框右下角带"+"的吸管（可以将之前没纳入调整范围的一些其他色彩也添加进来），在照片背景中依然是彩色的区域单击。此时可以发现，这些色彩也被 3 个灰色段覆盖了进来，并且饱和度都被直接降为了 –100，如图 4-50 和图 4-51 所示。

图 4-50

图 4-51

　　将背景所有的杂色都纳入到调整范围后，可以发现背景
已经完全变为了灰度。此时的照片效果及"色相／饱和度"对
话框如图 4-52 所示。从对话框底部可以看到，上面的色条是
调整之前的色彩状态；而下面的色条则已经变为了灰度。

图 4-52

　　照片色彩调整前后的效果对比如图 4-53 所示。

原片　　　　　　　　　　　　　　　　　调整后的照片效果

图 4-53

这里需要单独说一下，在使用带"＋"的吸管添加背景杂色时，可能会因为添加的色彩范围过大，而将花朵的边缘部分也包含进来，以致花朵也会变为了灰度，这是用户不希望的。此时的处理方式也很简单，在对话框底部选择带"－"的吸管，然后在"不想纳入到调整范围的色彩上"单击，相当于从色彩范围中减去了这部分色彩。再观察照片，可以发现用户的目的已经达到了。

小提示

实际应用当中，在对照片中某些色系进行单独的调整时，有一种更简单、快捷的方法：在对话框的左下角有一个小手的图标，叫"目标选择与调整工具"。该工具的使用非常简单，本例当中当要调整绿色时，只要在"全图"的下拉列表中选择绿色，然后选择该小手工具，将鼠标指针移动到照片的背景上（即绿色的位置），向左拖动即可降低绿色的饱和度。这种工具的特点在于非常快速、方便，但需要准确控制调整的位置。

4.8　照片"黑白"的正确玩法

在摄影诞生后的近 100 年里，黑白摄影是主流，历史上曾经诞生过许多伟大的黑白摄影作品。时至今日，彩色摄影已经成为了主流，但仍然有许多资深摄影师都喜欢用黑白的画面来呈现摄影作品。黑白并不会妨碍摄影作品的艺术价值。即便是彩色摄影时代，黑白也仍然是一种重要的摄影风格，就如同有些传统水墨画不需要上色一样。

第 04 章　调色：原理与工具

在拍摄者要表现的画面重点不需要用色彩来渲染时，或者说色彩对主题的表现起不到促进作用时，就可以选择黑白来表现。这样做不仅可以弱化色彩带来的干扰，让欣赏者更多地关注照片内容或是故事情节，还可以增强照片的视觉冲击力，如图 4-54 所示。照片整体很简单，并没有特别出彩的地方。该照片本应该加强建筑物的形态表现力，并强化其表面的纹理质感，但可惜的是色彩的干扰让主体的形态并不明显，并且表面的纹理也不够清晰。

图 4-54

将照片转为黑白后，会有全新的效果，如图 4-55 所示。在黑白转换过程中，要适当调整不同色彩的明度，最终使得周边景物变暗，突出的屋檐部分变亮、变得醒目，这样形态表现力更加突出，且表面的纹理细节也显示了出来。最终画面看起来影调层次丰富、主体突出、细节完整、质感强烈。

图 4-55

有时候用户拍摄的照片，色彩非常杂乱。这时，如果将照片转为黑白，就可以弱化颜色所带来的杂乱和无序，让画面看起来整洁、干净。此外，许多本身已经很成功的摄影作品，通过合理的手段转换为黑白效果后，都能够呈现出一种与众不同的风格，令人耳目一新。

对于彩色照片转黑白，许多初学者的认识都可能有误，因为有两种处理操作实在是太简单了。用户只要在"图像"菜单中选择"调整"菜单项，然后在打开的子菜单中选择"色相／饱和度"菜单项，打开"色相／饱和度"对话框，拖动饱和度滑块到最左侧，变为−100，如图 4-56 所示，即可得到黑白效果的照片。另外，也可以在"模式"菜单中，选择"灰度"菜单命令，如图 4-57 所示，直接将照片转为黑白。然而，对于照片后期来说，上述两种处理方法都是不正确的，因为那只是简单地将色彩的饱和度扔掉了，仍然会保留原片色彩的明度，这样不仅无法改变原片的明暗影调分布，而且对优化照片也没有太大的促进作用。

图 4-56

087

正确的做法应该是在转黑白时，根据画面明暗影调的需求，针对不同色彩做出有效设定，让明暗更符合主题的要求。举例来说，当将带有蓝色天空的照片转黑白时，用户可以在扔掉蓝色饱和度的同时，还降低其明度，这样蓝色的天空等景物就会变得更暗，从而更利于突出地面的主体。

图 4-57

照片在转黑白时，与一般调色的思路不太一样。在使用黑白工具处理之前，有时还需要加一个步骤：利用"阴影／高光"工具对照片的暗部和高光部位进行适当修复，避免这两部分在转黑白后变为死黑或死白一片，损失大量细节。在"图像"–"调整"菜单中选择"阴影／高光"菜单，打开"阴影／高光"对话框。根据前面介绍过的"阴影／高光"工具的使用方法，对照片进行调整。前期在调整该照片时，只有一个宗旨，那就是要在确保照片明暗过渡不出现断层的前提下尽量追回更多的细节，而不必过多地考虑照片是否好看。照片调整后的参数及画面效果如图 4-58 所示。（本例中，如果继续增加阴影的数值，虽可以追回更多的暗部细节，但会出现明暗过渡的断层。综合来看，25% 是一个比较合理的值。）

图 4-58

第 04 章 调色：原理与工具

当照片的明暗细节调整到位后，单击"确定"按钮返回软件主界面的工作区。在"图像"–"调整"菜单中选择"黑白"菜单命令，打开"黑白"对话框。此时，照片已经变为了默认状态的黑白，如图4–59所示。在该对话框中，有红色、黄色、绿色、青色、蓝色和洋红6个颜色通道。其中，每个通道都记录着照片中相应颜色的明度信息，只要拖动这些颜色通道滑块，即可改变照片中对应颜色的亮度，这样黑白照片的明暗就会发生变化了。

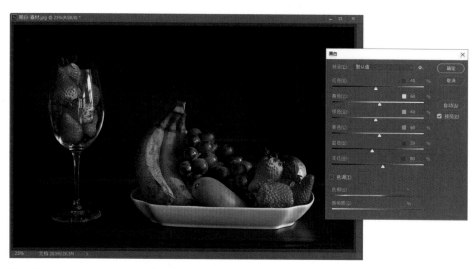

图4–59

观察照片中的黑白效果后发现，黄色的香蕉、芒果都过于暗淡，因此，在对话框中适当向右拖动黄色滑块，即表示提高原黄色像素的明度，可提亮照片中的黄色部分。拖动时要注意观察，不要让黄色出现高光溢出。用户是因为记得芒果与香蕉都是黄色的，才能够直接拖动黄色滑块，但其他颜色可能无法一一记清，这样在调整时就无法准确把握了。那怎么办呢？其实很简单，只要随时单击对话框右侧的"预览"复选项，就可以在黑白和彩色之间切换，待查看照片中各种对象的色彩后，再切换回黑白，拖动对应的色彩滑块即可。

根据实际需要，可适当提亮红色，让草莓部分变得稍微明亮一点，但不要过度提亮，否则偏红色的背景也会过亮；适当提亮蓝色，让葡萄变得更加晶莹剔透；适当降低绿色，让草莓绿色的外皮稍稍变暗一些，这样可以区别于红色的果肉部分；再微调其他颜色滑块，并注意随时观察照片画面的明暗变化，调整到位后停止操作即可。此时的照片画面效果如图4–60所示，这也是照片最后的调整效果。

现在，就可以对比照片转黑白的各种效果了。图4–61所示为原片与不经过"阴影/高光"和不同色彩明度的处理，直接转为默认黑白的效果对比。

图 4-60

图 4-61

　　图 4-62 所示为原片与先进行"阴影 / 高光"处理，追回大量暗部和高光细节后，再转为默认黑白后的效果对比。这时会发现，照片的影调层次不够丰富，整体过于暗淡了。

图 4-62

图 4-63 所示为先对原片进行"阴影 / 高光"处理，追回更多的亮部和暗部细节后，再根据不同的色彩进行明度调整后的效果。这样转为黑白后，主体景物明亮、突出，而背景偏暗，从而既保留了一定的环境信息，又不会削弱主体的表现力。

也就是说，在对原片进行"阴影 / 高光"处理之后，再利用合适的色彩通道进行调整，可以调出漂亮的黑白效果。

图 4-63

在"黑白"调整对话框中，还有两个比较实用的功能：第 1 个实用功能是预设下拉列表。在该列表中有多种滤镜效果，选中某种色彩滤镜，可以直接让照片转为有一定效果而非默认的黑白画面。其中，一些单色的滤镜效果非常强烈，例如当设定红色滤镜时，就会将照片中的红色系像素极大地提亮，如图4-64 所示，而当选择黄色滤镜时，则会将照片中的黄色系像素极大地提亮。不过，直接套用这类滤镜，可能很容易让照片出现高光或暗部溢出，损失细节，所以，在套用滤镜之后，往往还需要再微调色彩滑块，对照片的高光和暗部进行修复。

小提示

在一般情况下，针对人像类题材时，用户可使用红色、黄色等滤镜，直接让照片输出为比较漂亮的黑白效果；针对风光类题材时，黄色滤镜较为常用。最后再微调对话框主界面中的各色彩滑块，就可以完成黑白调整了。

图 4-64

第 2 个实用功能是"色调"复选框。选中该复选框后，会发现刚转为黑白的照片被渲染成了某种单色的效果。称"色调"为"着色"可能更为合适一些，因为该功能用于为转成的黑白照片添加某种单一色彩。拖动色相滑块，可以改变为黑白照片渲染的色彩。顾名思义，饱和度滑块则可以调整刚渲染为单色照片的饱和度。本例中，为转为黑白的照片添加上褐色后的一种画面效果，如图 4-65 所示。

图 4-65

不同功能的选用

在学会了多种数码后期调色工具的使用技巧后，用户可能仍有疑问，那就是"色彩平衡""曲线""可选颜色"这 3 款工具，到底该怎样选择？在面对一张照片时，到底使用哪款工具合适呢？下面，笔者结合自己的经验，大致介绍一下这 3 款工具的选用技巧。

① "色彩平衡"调色：用于分别对照片的亮部、暗部和中间调区域调色，适用于快速对照片进行大致的调色，精度会稍有欠缺。

② "曲线"调色：既可以根据影调的不同分别对照片亮部、暗部和中间调区域调色，又可以对照片不同的物理区域进行调色，还能同时对明暗影调进行调整。从上述角度来看，"曲线"不仅是非常强大的调色工具，也是照片明暗层次调整的主要工具。这款工具的功能非常全面，随着后期水平的提升，用户应该尽量用"曲线"来进行调色等照片处理。

③ "可选颜色"调色：这款工具在人物的后期调色中比较常用，可以精确地控制人物的肤色。

第**05**章 画质控制：锐化与降噪

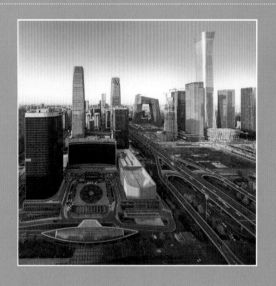

　　锐化是非常有用的功能，可以提高像素边缘的对比度，强化像素边缘轮廓，提升照片清晰度。

　　合适的锐化几乎可以起到扭转乾坤的作用，让一般镜头拍摄的照片呈现出堪比牛头的画质。降噪是与锐化相对的功能，可以抑制弱光下高感或长时间曝光拍摄带来的噪点，还可以改善细节过渡不够平滑的问题，让照片画质平滑细腻。本章将介绍照片锐化和降噪的全方位知识，帮助你轻松优化照片画质。

5.1 为什么要锐化

有时，用户会发现数码单反相机所拍摄的照片虽会给人柔和的感觉，但不够锐利和清晰，有时甚至还不如使用智能手机或普通的数码相机拍摄的照片那样色彩鲜艳，画质清晰。

之所以有这种现象，是因为以下两个原因。

其一，数码单反相机特意设定了低锐度输出。普通的数码相机和智能手机的摄影功能，主要针对的是普通大众。该群体用户大多数都没有能力对所拍摄的照片进行后期处理。为了让用户能够得到更好的视觉效果，生产厂家就在数码相机和智能手机内集成了色彩和清晰度的优化程序。用户拍摄完成后，设备在内部就对照片进行了自动优化，这样输出到计算机后，不用做任何处理就可以达到鲜艳、清晰的程度，以满足一般的纪念、网络分享等需求。这一点对于普通家庭用户和个人用户来说是非常实用的。

与普通家庭用户不同，数码单反相机用户在前期拍摄照片后，往往还要进行一定的后期处理，让照片变得更富有魅力。基于这一点，为了避免在相机内进行优化时损失一些细节，厂商没有进行任何的机内优化处理，而是为专业用户提供了包含几乎所有拍摄信息的原始照片，为摄影师提供了更为广阔的后期创作空间。

其二，低通滤波器对照片锐度的干扰。在拍摄照片时，进入相机的光线远没有用户想象得那么简单，除可见的太阳光线之外，其实还有一些红外线、紫外线等非可见射线。可见光波与相邻射线的关系如图 5-1 所示。

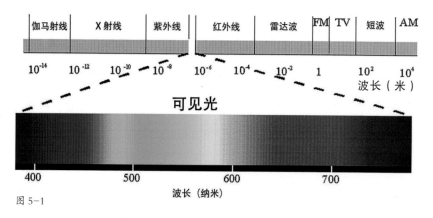

图 5-1

除可见光之外的射线虽然是肉眼不可见的，但对于图像传感器却能产生一定的影响，在其激发的电信号中形成一些干扰。这样，在最终成像的画面中就会产生大量的杂讯、伪色和摩尔纹等，如图 5-2 所示。为了消除伪色及摩尔纹等干扰因素，提升照片的画面品质，相机厂商在图像传感器前加了一些过滤装置，对入射到相机的干扰射线进行过滤，这种过滤装置主要是低通滤波器。它虽然能消除成像时产生的伪色和摩尔纹，但相应地也会造成照片的锐度下降，如图 5-3 所示。

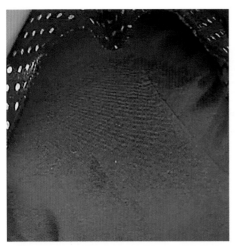

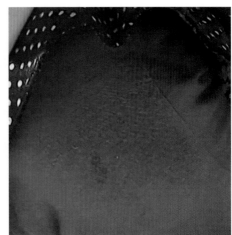

图 5-2   图 5-3

5.2 锐化到什么效果

　　如果数码单反相机拍摄的原始照片（以下简称原片）不够清晰、锐利，就需要用户利用后期软件的锐化技术对照片进行锐化处理，以便让细节的边缘变得清晰，也就是说，锐化处理的目的是使像素的边缘、轮廓线，以及细节都变得清晰。

　　计算机软件技术虽非常强大，却不够智能，需要人为进行设定，才能让处理后的照片符合用户的审美要求，后期锐化也是如此。图 5-4 ～图 5-7 展示了照片原片及锐化后的几种主要状态。

　　原片：画质细腻、平滑，但仔细观察可以发现清晰度并不高，有点过于柔和了——萨克斯管表面的纹理细节表现力不足。

　　失败锐化 1：照片的锐度虽得到了极大的提高，但也存在明显的问题。边缘轮廓线部分出现了非常明显的亮边和暗边，画面效果失真（这种情况一般是由锐化半径设置过大所致）。

图 5-4 原片   图 5-5 失败锐化 1

　　失败锐化 2：边缘的轮廓线效果尚可，问题在于画面像素变得非常碎，给人零散的感觉，并且暗部还出现了大量噪点（这种情况一般是由锐化数量值过高所致）。

　　成功锐化：表面的纹理清晰，边缘轮廓线明显、干净，画面整体细腻、平滑，是照片经过适当、合理锐化后得到的理想效果。

图 5-6 失败锐化 2　　　　　　　图 5-7 成功锐化

　　从前面的几种锐化效果可以看到，后期锐化并不是那么简单，如果处理不当，就无法获得想要的效果。锐化是一项有技术含量的后期处理操作，能否将照片锐化到位，就看用户能否合理地运用 Photoshop 提供的锐化工具了。

5.3　USM 锐化

　　在 Photoshop 中，有多种锐化滤镜可用，其中，USM（Unsharp Mask 的简写）锐化是非常好用的一种，用户的认可程度也比较高。打开要进行后期锐化的照片，在"滤镜"-"锐化"菜单中选择"USM 锐化"菜单命令，打开"USM 锐化"对话框。命令操作及打开的对话框如图 5-8 所示。

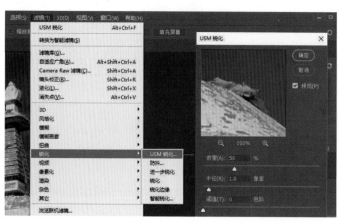

图 5-8

在界面中，有数量、半径和阈值 3 个滑块。数量是指进行 USM 锐化调整的强度，数值越大，表示对照片锐化的效果越明显；半径是指在锐化处理时除边缘像素之外的像素范围，通常半径值越大，效果越明显，但容易出现亮边，显得不够自然；阈值的意思是锐化的边缘像素与相邻像素之间的明暗差别，如果阈值为 0，那么即便相邻像素与边缘像素没有明暗差别，也会被锐化，而如果阈值被设置为 5，则只有亮度差异超过 5（差异范围为 0~255）时，相邻像素才会被锐化，在通常情况下，阈值越低，锐化效果越明显。

下面通过图 5-9 所示的示意图来进行阐述：红色框中为锐化的边缘像素，设定半径为 6，即箭头覆盖的区域。当设定阈值为 0 时，所设定半径范围内的像素都会被锐化；如果设定阈值为 3，那么亮度为 9 和 10 的两列像素就不会被锐化了（因为与边缘像素的亮度 8 差距都不超过 3），只有另外 4 列像素会被锐化。换句话说，阈值是对半径这一锐化参数所限定条件的补充。

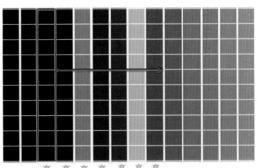

图 5-9

打开要处理的照片，进入"USM 锐化"对话框之后，利用鼠标指针在工作区的照片上进行定位——单击某个位置，即可让该位置显示在对话框的预览区域内，然后将预览出口的放大倍率设定为 100%，这样在拖动锐化下的数量、半径和阈值 3 个滑块时，就可以通过这个预览窗口看到非常清晰的调整效果了，如图 5-10 所示。

图 5-10

下面来看不同的参数设定对锐化效果的影响。图 5-11 所示为几乎没有进行任何锐化处理的原片效果，可以发现，虽然画面比较平滑、细腻，但轮廓不够鲜明；图 5-12 所示为锐化后的效果，数量和半径设置得都很高，可以发现，照片的边缘轮廓清晰，但美中不足的是边缘出现了失真，且产生了大量的噪点；图 5-13 所示为在之前锐化的前提下，提高阈值后的效果，可以发现，噪点受到了抑制，画质也变得平滑了很多。(图 5-12 和图 5-13 所设定的参数值只是为了展示效果。)

在通常情况下，USM 锐化过程中，数量、半径和阈值这 3 个参数的设定是有一定规律可循的。在大多数情况下，锐化的数量一般应设定为 50%~300%；半径值一般应设定为 0.5~2，但最高也不宜超过 2；对于阈值来说，采用默认的 0 即可，但如果画面中出现了大量的噪点，也可以适当提高到 3，但最高也不宜超过 5。

图 5-11　　　　　　　　　图 5-12　　　　　　　　　图 5-13

根据前面介绍过的数量、半径和阈值这 3 个参数的功能，以及参数值的设定技巧，结合着本照片的锐化预览效果，将数量设定为 283%，半径设定为 0.8 之后，USM 锐化对话框及照片效果如图 5-14 所示。

可以看到，此时照片的锐度得到了很好的提升，景物表面的细节变得更加清晰、锐利，视觉效果更好，但美中不足的是在天空等大面积像素上出现了许多密集的小噪点。

图 5-14

这时，只要保持数量和半径参数不变，适当提高阈值，就可以避免对照片中的一些噪点进行锐化，让照片的画质看起来更加平滑一些，如图 5-15 所示。（用户可以这样认为，假设噪点像素的亮度为 100，周边正常像素的亮度为 101，且限定阈值为 2，就不会对噪点进行锐化了，也就是说，噪点就不会那么明显了）。

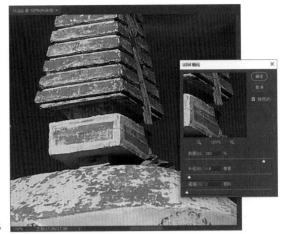

图 5-15

5.4 智能锐化，何以智能

智能锐化功能详解与使用

仅从锐化的功能性上来看，智能锐化比 USM 锐化要强大很多。打开照片，在"滤镜"-"锐化"菜单中选择"智能锐化"菜单命令，打开"智能锐化"对话框，如图 5-16 所示。与"USM 锐化"对话框相比，主要功能中的数量和半径两个参数基本上都是一样的，相信用户一看就会明白。区别在于该对话框的中间部位，阈值变为了减少杂色。

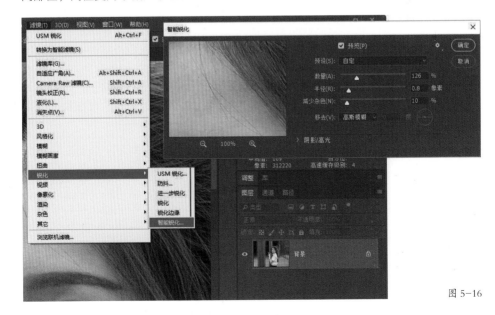

图 5-16

这个"智能锐化"对话框与一般的对话框不太一样。将鼠标指针移动到对话框边线上变为双向箭头后，可以拖动调整该对话框的大小。这种界面大小可以调整的好处是，用户可以拖大窗口，进而放大预览窗口，以 100% 的比例显示更大的照片区域，以便于在调整照片时进行更清楚地观察。当然，对于预览区域，只要用鼠标在工作界面中合适的位置单击即可定位。另外，还可以在"智能锐化"对话框的预览视图中点住鼠标左键，拖动调整。

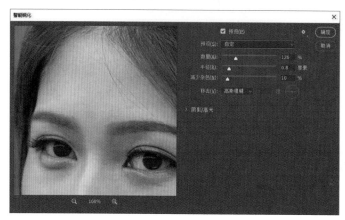

图 5-17

打开"智能锐化"对话框后，系统默认已经对照片进行了处理（数量126%、半径0.8、减少杂色10%，这组参数是笔者之前在某一次使用该功能时设定的），如图 5-17 所示。这种系统默认的设置并不一定能够达到用户的要求，所以还是应该进行手动的调整。

具体在锐化调整时，笔者先将锐化的数量设定为150%~300%，然后开始慢慢增加半径值，在半径值达到1.5时，笔者发现许多位置的边缘部分都出现了明显的亮边，已经让画面开始失衡，因此将半径减少回来一点，在 1.3 时，既确保了画面有足够的锐化度，又没有明显的亮边。这也是在使用智能锐化调整时的一般思路。

图 5-18

在"智能锐化"对话框中去掉了"阈值"选项，以"减少杂色"这一参数作为替代。该功能是做什么的呢？打开对话框后，该参数默认为10%。用户可以在前面锐化效果的基础上，将减少杂色这一参数归 0。这时，可以看到，照片中的偏暗区域出现了大量的噪点和杂色；将该参数适当提高，可以发现杂色和噪点开始减少；如果将参数设定为50%，就会发现噪点和杂色没有了，但之前的锐化效果也没有了。通过比对发现，将减少杂色参数设定为12% 左右时，效果是最好的，优于默认的10%。此时的参数调整及锐化后的效果如图 5-18 所示。

从效果上看，减少杂色功能起到了对照片进行降噪，并消除杂色的作用。其原理是阻挡在锐化处理时噪点和杂色的产生，而不是通过遮挡噪点来进行降噪的。虽然提高该参数数值可以阻挡噪点和杂色的产生，但如果该值设定得过大，同样也会削弱锐化的效果，因此在通常情况下不宜设定得过大（一般不宜超过40%）。

这个时候，用户就可以对比进行锐化处理前后的效果了。具体方法很简单，用鼠标直接在预览窗口内单击，就变为了锐化前的效果，松开后就是锐化后的效果，如图5-19所示。

图 5-19

在"智能锐化"对话框中有"移去"下拉列表，其中有高斯模糊、镜头模糊和动感模糊3个选项。不用考虑太多，直接设定为镜头模糊，就可以对一些使用性能不够理想的镜头拍摄的照片效果进行优化。移去抖动模糊是指对拍摄时发生了相机抖动所产生的模糊进行校正，但其实，一旦用户拍摄的照片模糊了，无论怎样处理，都不太可能让照片变得特别清晰。

存储、调用锐化动作

笔者对照片的这一锐化效果是非常满意的，并且也相信在以后面对类似镜头中的美女人像时，使用这种智能锐化的参数组合同样会有比较好的效果，因此可以通过对话框顶部的"预设"功能来进行存储。单击打开"预设"后的下拉列表，选择"存储预设"菜单命令，在打开的对话框中为当前的设定取一个名字，这里笔者直接取名为"85mm人像锐化"。从图5-20中可以看到，这个预设存储到了安装Photoshop的文件夹，具体的路径为Adobe Photoshop CC 2017>Presets>Smart Sharpen。如果从该文件夹中删除这个预设，那么在软件中就无法使用该预设了；如果重新安装了Photoshop，那么该预设也会自动丢失，除非用户之前单独设定保留了这些预设功能。

图 5-20

接下来，在"预设"的下拉菜单中，用户就可以看到这一选项了。以后再对其他类型的人像照片进行智能锐化时，就可以点开"预设"下拉列表，选中前面命名的"85mm 人像锐化"，直接调用该预设来进行锐化处理了，如图 5-21 所示。

图 5-21

阻挡锐化产生的噪点

智能锐化非常强大，在前面笔者只是介绍了该功能的一部分而已。为了进一步学习智能锐化的各种功能，现打开一张荷花的照片，如图 5-22 所示。

图 5-22

    打开"智能锐化"对话框,在参数组中设定合理的数量、半径值,且将减少杂色值设置得低一些,这样照片锐化前后的效果对比就如图 5-23 所示。其中,左上图为原片效果,右下图为参数调整及锐化后的效果。

    另外,单击"阴影/高光",展开下面的两组参数。可以看到,"阴影"和"高光"参数组下都有"渐隐量""色调宽度"和"半径" 3 个参数。

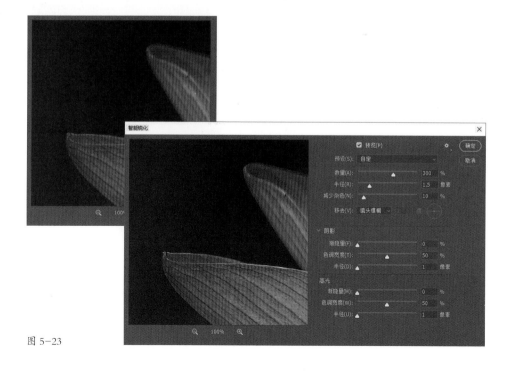

图 5-23

"阴影"和"高光"参数组的功能，就是避免锐化产生噪点。在通常情况下，照片中产生噪点的位置主要是阴影部分，一旦对照片进行锐化，那暗部噪点就会变得更加严重，所以，在此调整的重点是"阴影"区域。从对话框的预览区域中也可以看到，除荷花花瓣之外的阴影部分产生了密集的噪点，画质不再平滑。调整非常简单，直接拖动提高"渐隐量"数值到100%。此时，可以发现，阴影区域的噪点变少了，如图 5-24 所示。

渐隐量：拖动阴影区域中的"渐隐量"，可以发现只有暗部的噪点被消除了，而作为亮部的荷花花瓣其锐度并没有下降，也就是说，与"减少杂色"功能相比，利用"阴影/高光"分区的降噪，可以更精准地控制照片的噪点，从而对照片的优化效果更理想。

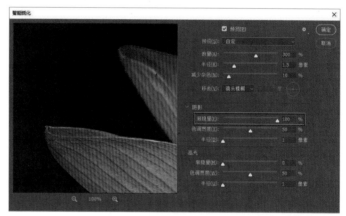

图 5-24

色调宽度：指所调整暗部或高光区域涵盖的色彩宽度。假设用户要调整的照片暗部或高光区域以红色系像素为主，如果设定较大的色调宽度，那么就会连同橙色、洋红色等周边的色彩也纳入进来进行调整了，而如果设定较小的色调宽度，那么就会限定只对红色进行调整。

半径：指纳入明暗结合部位的像素多少。半径大，则纳入的像素多；半径小，则严格限定少量的像素。这有点类似于"羽化"功能，也能够让过渡区域变得平滑起来。

对于照片的高光区域，几乎是没有噪点和伪色的，也就没有必要进行降噪处理了。用户将高光区域的"渐隐量"提高到 100%，不单无法起到降噪的作用，反而还会让照片变得不如原片锐利和清晰了，所以，对于高光区域，只要不是夜景，就不建议进行过多的设定和调整，只需将"渐隐量"置于 0 的位置即可。

在视图中单击鼠标，可以显示原片效果，如图 5-25 所示，而图 5-26 则是调整后的效果。

图 5-25   图 5-26

> **小提示**
>
> （1）智能锐化远比 USM 锐化功能强大和全面，但大部分摄影爱好者都仍然首选使用 USM 锐化，为什么呢？其实用户可能已经发现了，因为在使用智能锐化功能时，会占用大量的系统资源，实在太慢了，令人无法忍受。
>
> （2）最重要的一点："阴影 / 高光"内的渐隐量调整，其功能并不是降噪，而是阻止锐化时产生过多的噪点。如果用户没有对照片进行智能锐化，那么"阴影 / 高光"内的渐隐量是没有调整效果的。

5.5 降噪改善画质

如果照片中有大量的噪点，肯定是一件令人头疼的事情——众多的单色和彩色噪点会破坏画面的质感。接下来，就对噪点的产生原因及控制进行相对系统的学习。

噪点产生的 3 个原因

对照片画面进行逆向分析，噪点的产生主要有 3 个原因。

第一，相机高感光度设定或长时间曝光带来的噪点。在面对弱光的场景时，如果不巧用户没有携带三脚架，为了避免手持拍摄带来的抖动模糊，就只有提高相机的感光度以获得足够快的曝光了。提高感光度以获得较短曝光时间的原理是对相机的感光性能进行增益（比如乘以一个系数），增强或降低所成像的亮度，使原来曝光不足导致偏暗的画面变亮，或使原来曝光正常的画面变暗。不过，这就会造成另外一个后果：在加亮时，同时也会放大感光元件中的杂质（噪点），影响画面的效果，如图 5-27 所示。而且，ISO 感光度数值越高（放大程度越高），噪点越明显，画质也就越粗糙。

在面对弱光时，即便用户使用了三脚架，降低感光度拍摄，也仍然会存在噪点。因为当采用长时间的曝光来增加画面曝光度时，也会让感光元件上的杂质获得更多的曝光量，变得明显起来，也就是说，无论是用高感光度拍摄，还是用低感光度 + 长时间的快门速度拍摄，都无可避免地会让拍摄的照片中产生噪点。

第二，相机内光电信号转换带来的杂讯。在相机的感光元件接收光信号转换为数码电信号这个过程中，会有一定的杂讯，这些杂讯也会让最终照片产生一定的噪点。当然，因为光电信号转换带来的噪点是非常少的，可以忽略不计。

图 5-27

第三，在对照片进行后期锐化时产生的噪点。锐化的原理无非是强化像素边缘的对比，那在此过程中也会让噪点像素得以锐化，变得突出。这样看来，只要进行锐化，噪点就会无可避免地产生。

从噪点产生的原因来看，用户拍摄的所有照片都会存在噪点。在光线不理想的场景中，噪点的影响被无限放大了，所以拍摄的照片中噪点非常明显。在光线比较明亮的场景中，一般使用低感光度 + 短曝光时间的组合来拍摄，这样就可以将噪点控制在一个很低的水平，如果不将照片放大到 100% 仔细观察，几乎很难发现。另外，在明亮场景中拍摄的照片本身就很少有噪点，即便进行简单的锐化，噪点也不会过于明显。

在 Photoshop 中的降噪操作

在对照片进行智能锐化处理时，用户曾经接触过照片的降噪功能，但智能锐化中的减少杂色和渐隐量调整，并不是真正的降噪，其主要功能是避免在锐化过程中产生过于明显的噪点。针对噪点严重的照片，在 Photoshop 软件中进行降噪的工具是"减少杂色"滤镜。打开要降噪的照片，在"滤镜"-"杂色"菜单中选择"减少杂色"菜单命令，如图 5-28 所示。

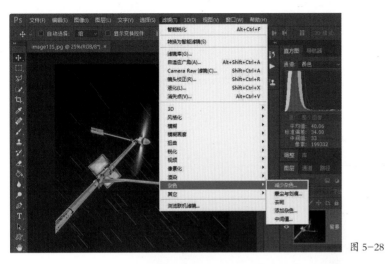

图 5-28

此时，可打开"减少杂色"对话框，如图 5-29 所示。这种对话框的布局，用户已经非常熟悉了。有关预览位置的确定，以及预览比例的放大和缩小，与之前讲过的许多锐化对话框的操作都是一样的，这里不再赘述。对于参数的设定，用户可先将其中的 4 个可调整参数都归为 0，以便直接观察到未降噪的原片，以及各种参数变化对照片的影响。

图 5-29

在"减少杂色"对话框中，有强度、保留细节、减少杂色和锐化细节这 4 个可调整参数，在调整时以拖动滑块的方式进行，非常直观。

在降噪时，用户主要使用的是强度和减少杂色这两个参数。现在，将强度滑块调整到 100%，而其他选项参数保持不变。此时，从预览窗口可以发现已经消除了大量的噪点，前后对比的效果如图 5-30 所示。其中，左上图为调整前的原片，右下图为将降噪强度设定为 10 之后的画面效果。

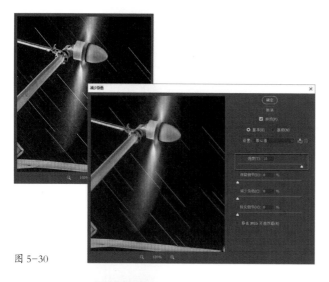

图 5-30

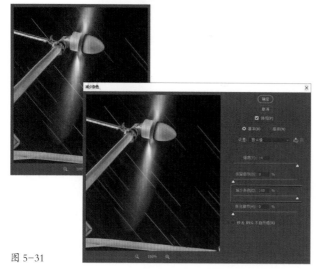

图 5-31

可以看到，在对照片进行降噪强度调整之后，效果是非常明显的。较小的、单色的噪点已经都被覆盖掉了，画面变得平滑了很多，但仍然存在问题：虽然单色的噪点大部分都被消除了，但彩色的噪点仍然明显。这需要通过"减少杂色"参数调整来进行处理。将"减少杂色"滑块提到最高，也就是100%，对比调整前后的照片效果，如图5-31所示。其中，左上图为初步降噪但依然存在彩色噪点的效果；右下图为减少杂色后的效果，可以发现彩色噪点已经被消除了。

至此，对于大部分照片来说，降噪过程都已经完成了。

108

　　另外，在对话框中还有"保留细节"和"锐化细节"这两个参数没有介绍。"保留细节"选项，顾名思义，是用于追回被降噪操作消除的部分细节，因为在降噪消除噪点的同时，也会消除一部分有效像素，让照片损失大量的细节。提高"保留细节"参数值，目的是抵消一部分降噪操作，不让照片的细节损失得太厉害。在实际应用中，要谨慎使用，不能将该参数值设定得过大，或是干脆不设定该参数，否则会极大地削弱降噪效果。

　　"锐化细节"则是用于抵消降噪带来的照片锐度下降。适当提高该参数，可以避免照片锐度严重下降。该参数的调整效果并不算特别明显，故在实际应用中并不常用。

第06章 裁剪的艺术

　　严格来说，对照片进行的大多数后期处理，都可以说是二次构图，例如制作局部光后，让主体景物变亮而环境变暗，就是一种二次构图。但通常意义上的二次构图，是指对照片进行裁剪。

　　我们所知的二次构图有两种情况：第一种，前期拍摄的照片不够理想，通过二次构图，让照片变得精彩起来，这是一种必须进行的后期裁剪；第二种，照片已经非常棒了，但如果转换视角，重点表现画面中的一些局部，或一些单独的对象，也有很好的效果，那就可以通过裁剪来实现这种突发的灵感了，这种二次构图不是必需的，更大程度上是一种选择的技巧和创意的体现。

　　本章中，我们将对二次构图的必要性、二次构图的技巧等问题进行分析，分享更多的二次构图知识。

6.1　高难度且非常重要的二次构图

二次构图的重要性

对于初学者来说，可能还意识不到构图的重要性，所以在拍摄照片时往往不够谨慎，看到美景时轻易就按下了快门，然后寻找下一个景观，继续快速拍摄。这样拍摄的照片大多数看起来都会很别扭。从这个角度说，二次构图对于初学者来说，是尤为重要的。如果将摄影构图分为前期和后期两次，那么初学者的后期构图，即二次构图，可能是照片是否成功的决定性因素。

有一定经验和水平的摄影师，同样也需要进行二次构图。毕竟，让前期拍摄不够理想的因素实在太多了：可能会因为行程匆匆，出现考虑不周而造成照片不令人满意的情况，也可能

是因为携带的镜头焦距不够长，无法将远处的景物拍摄得更突出，还会出现"一颗老鼠屎，弄坏一锅汤"的情况，如在完美的取景角度上，画面边缘出现了一根电线杆、一条斜拉的电线等。

图6-1的左上图中，画面左侧有干扰，人物有些偏小，看起来不够理想。经过裁剪二次构图后，右下图的画面就好了很多。

图 6-1

此外，常见的如证件照、网站的导航栏、街边的广告牌，所使用的照片都是按照特定比例裁剪过的，也就是说，即便原片的构图非常合理了，进入实际使用阶段，也可能要根据需求来进行二次构图处理，并且是按照对方规定的比例进行二次构图。如图 6-2 上方所示的照片，就是要作为网站顶部导航栏背景照片使用的，原片经过 3∶1 的裁剪比例进行二次构图后（图 6-2 的下图），就符合使用要求了。

图 6-2

高难度：创意 + 实现

在裁剪照片时，只要选择"裁剪工具"，在想要裁剪的照片中拖出裁剪区域，然后双击要保留的区域即可。许多初学者都认为这一过程看起来非常简单，但它只是裁剪操作，并不是真正的二次构图。完整的二次构图还需要包含摄影师的创作思路。例如，初学摄影时用户可能遇到过这样的情况：拍摄的照片不够理想，想二次构图，却又不知道怎样裁剪合适。相信大多数的摄影初学者都经常会遇到这样的问题，因为还没有掌握大量的构图知识，无法为二次构图做好充分的前期创意。从这个角度说，二次构图貌似简单，实则较难。

二次构图分为两个阶段：第 1 个阶段是观察照片，梳理、激发二次构图的思路和创意；第 2 个阶段是实现裁剪，完成二次构图。其中，第 1 个阶段是极其困难的，即便是经验丰富的摄影师，往往也会在面临多种选择时，头疼不已，不知道怎样裁剪最终效果才会更好。用唐代诗人贾岛"推""敲"的典故来描述这一阶段也不为过，所以，照片的裁剪二次构图是极富技术含量的工作。完成了第 1 个阶段的创意设计之后，第 2 个阶段就非常简单了，单击几下鼠标就可以处理完成。二次构图的两个阶段如图 6-3 所示。

二次构图 ⟶ （1）思路和创意 ＋ （2）实现裁剪　　　图 6-3

拍摄照片时，在大多数情况下都是无法将最重要的位置准确放在构图点上的，只能是一个大体的位置。此时，经验丰富的摄影师能够一次拍摄出无限接近最佳效果的照片，而经验不足的拍摄者或是纯粹的初学者，则只能先大致拍摄，然后在后期软件中再借助构图辅助线来实现精确的二次构图了。如图6-4所示，在后期软件中打开辅助线，经过拖动裁剪就可以将人物面部准确地放置在黄金螺旋线的中心位置上了。

图 6-4

6.2　裁出好照片的 9 大技巧

校正水平：拉直和旋转

如果照片的水平发生了倾斜，就会让照片看起来非常别扭，比其他任何的缺陷都要明显。解决照片水平问题的最好办法是，前期拍摄时要采用正确的拍摄姿势，将相机端平，并仔细观察。另外，开启取景器中的构图辅助线作为参考，也可以很好地避免照片发生倾斜。如果各种前期拍摄都已经完成，而照片的水平发生了倾斜，那么也没有太大问题，只要在后期软件中校正回来即可。

拉直：在一些风光摄影中，会有明显的地平线、水平面，或是天际线。如果这类照片发生了倾斜，从视觉效果上来看，是非常明显的，因此，针对这种情况的水平校正，也是最简单的，直接利用"拉直工具"来进行处理即可。

　　该工具的使用方法非常简单，操作过程如图 6-5 所示。首先选择"裁剪工具"，然后选择"拉直工具"，接下来在照片中沿着地平线、海平面等明显的水平线条拖动鼠标，待拖动一段距离后松开。此时，会发现照片的水平倾斜便被矫正了过来。

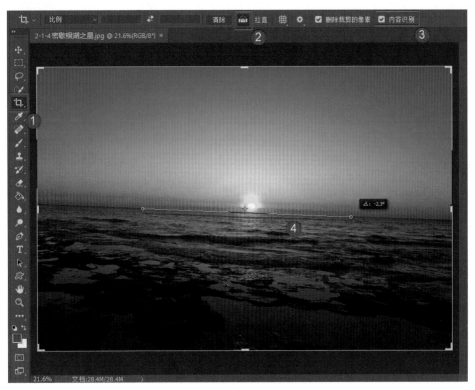

图 6-5

　　旋转：在一些场景中，地势起伏不定，这样拍摄的照片不会有明显的地平线或是水平面，虽然一旦水平发生了倾斜，视觉效果并不会太明显，但总让人感觉别扭。进行水平校正后便能解决这种问题。

　　没有明显地平线的照片，也就意味着没有明显的参照物，用户很难找到合适的角度去拉直，那么调整效果自然不会好。针对这种情况，可以使用裁剪中的"旋转"功能来进行处理。在旋转时摄影师要随时观察画面的变化，找到让自己感觉舒服的角度——便是最理想的水平角度。

　　该工具的使用方法同样非常简单，操作如图 6-6 所示。首先选择"裁剪工具"，然后将鼠标指针移动到照片的右上角，待变为弯曲的双向箭头时，拖动即可任意角度旋转照片，直至自己感觉平衡为止。

图 6-6

裁掉空白区域，突出主体

假如用户站在茫茫的大草原上，要拍摄远处的一头牧牛，如果相机的镜头焦距不够长，那么在最终拍摄的照片中用户想要表现的这头牛肯定是很小的，不够突出。此外，还有一种可能，虽然用户的镜头焦距已经到了 200mm 以上，但由于距离那头牧牛实在太远了，也无法让它在照片中占据较大的比例。这样在最终拍摄的照片中，作为主体的牧牛所占据的比例很小，其周边有大片单调的、不必要的"空白区域"，以致构图不够紧凑，画面看起来松松垮垮。

要解决无法靠近主体，照片中存在大片"不必要的区域"问题，可以将这些区域裁掉，让画面紧凑起来，突出主体。如图 6-7 的第 1 张图所示，跃起的人物过小，经过裁剪后让人物变大、突出，这样在画面中对象的构图比例就合理了，如图 6-7 的第 2 张图所示。

图 6-7

图 6-7（续）

裁掉干扰元素，让画面变干净

在有些场景中，用户已经尽量调整取景角度了，可还是无法避开一些电线杆、电线、杂乱的树枝等景物，破坏构图，让照片不够理想。

如图 6-8 左图所示的这张人像照片，右上方的树木、被裁掉半边的黑色人物都对画面形成了一定的干扰，让画面显得不够干净。这时在不对照片产生过大影响的前提下，直接进行小幅度的裁剪，裁掉这种瑕疵就可以了，如图 6-8 右图所示。

图 6-8

第 06 章　裁剪的艺术

重置主体，体会选择的艺术

要想在一张照片中表现单独的主体，有非常多的构图形式，如分别将主体放在三分线上、对角线上、黄金构图点上……这样拍摄多张照片，可以获得针对同一对象的不同画面效果。然而，有经验的摄影师往往不会这样做，他们会设定好相机，调整好取景构图，只拍摄 1 张照片，因为他们知道，如果后续还需要将主体放在其他构图位置，只要在二次构图中稍微变换下裁剪方式就可以了。例如，通过裁剪将原本位于画面中间的主体变换到黄金构图点上，或是将主体变换到九宫格的某个交点上，抑或是将主体变换到某个更偏的位置上，让照片更符合用户的需求就可以了。

拍摄一张照片，如果后续还有其他需要，那么就可以先对原片进行色彩、影调等处理，然后再用不同的裁剪方式进行二次构图，以轻松获得足够多的新照片，而如果前期拍摄多张照片的话，则需要对多张照片进行处理，事倍功半！

如图 6-9 所示为一张草原晨曦的照片，场景非常开阔，主体景物相对孤立，这就为后期裁剪留下了充分的空间。如图 6-10 所示为通过裁剪，将主体景物置于三分线上的效果。

图 6-9

图 6-10

当然，用户也可以对主体景物进行筛选，如只保留 1 个对象，或是两个对象。其中，只保留两个对象的二次构图效果如图 6-11 所示。

　　此外，还可以考虑将近景的水面等部分裁掉，然后再让主体景物位于三分线上，这样醒目、突出，画面整体干净、简单，最终效果如图 6-12 所示。

图 6-11

图 6-12

横竖的变化，改变照片风格

　　用户都知道横画幅构图和竖画幅构图（也称为直幅构图）的概念。横画幅构图是使用最多的一种构图形式，因为它更符合人眼看事物的规律，并且还能够在有限的照片画面中容纳进更多的环境元素。在一般情况下，横画幅构图多用于拍摄宽阔的风光画面，如连绵的山川、平静的海面、人物之间的交流等，还比较善于表现运动中的景物。

竖画幅构图也是一种常用的形式，它有利于表现上下结构特征明显的景物，不仅可以把画面中上下部分的内容联系起来，还可以将景物表现得高大、挺拔、庄严。

已经拍摄好的照片，在后期的二次构图中还可以进行横、竖画幅的再次选择。如图 6-13 所示的这张照片，表现的是 2008 年夏日午后的天坛，横画幅构图的照片充分兼顾了左右两侧古色古香的门钉，并让欣赏者的视线最终延伸到前方的石砌大道，以及更远的地方上，可以说它本身是一幅成功的摄影作品。

图 6-13

不过，如果从框景构图的角度来看，这张照片就不够理想了。作为框景的部分过于突出，弱化了那种身临其境的心理感受，因此可以尝试通过二次构图，变为一种竖画幅构图的形式来看。

如图 6-14 所示，变为竖画幅构图后，虽然将颇具特色的大门裁剪掉了，弱化了环境体验，但同时也将干扰框景构图体验的元素裁掉了。此时，画面的框景效果更加明显，身临其境的感觉也更加强烈了。由此可见，这两种构图的效果都是成功的，之所以这样裁剪，是因为营造了不同的画面氛围。

图 6-14

画中画式二次构图

在面对优美的画面时，可能刹那间用户并没有考虑好如何拍摄，或是精彩的画面转瞬即逝，没有留给用户太多的时间去取景构图。那用户可以从后期二次构图的角度，来指导前期快速拍摄。具体来说，就是在短时间内无法实现完美拍摄的情况下，可以在确保照片整体清晰的前提下，包含进较多的场景元素，拍摄出有较大视角的照片。

举一个简单的例子，在面对景物非常杂乱的场景时，用户可以把整个场景都先拍摄下来，然后在后期的二次构图时再进行裁剪取舍，去掉杂乱的干扰因素，让画面完美起来。而且，这个二次构图的过程是可以多次尝试的：多尝试几种处理方式，总能找到令自己最满意的。如图 6-15 与图 6-16 所示的这两种裁剪效果，可以看作是整个大照片画面的画中画。它们均可以很好地表现草原上的美景。

图 6-15

图 6-16

封闭变开放，增强视觉冲击力

　　在拍摄一些花卉时，如果将景物拍摄全，就可以让画面显得圆满、完整。在摄影中，这是一种封闭性构图的方法，但也容易出现新的问题，那就是照片的画面可能会显得平平淡淡，给人的视觉冲击力不够。针对这种情况，可通过裁剪，将这种封闭性的构图改变为开放性的构图，重点表现景物的局部，即相当于放大了景物的局部，以显示出更多的细节和纹理，增强画面的质感和视觉冲击力，同时，还可以让欣赏者通过局部，将想象空间发挥到照片之外的其他部分。

　　拍摄过牡丹花的爱好者都应该知道，花虽然漂亮，但很难拍摄好，因为花朵与叶子距离过近，不容易拍摄出虚化效果，且背景往往呈土黄色，很难出彩。如图 6-17 所示为北京植物园内盛开的牡丹花，该图采用了一种比较典型的拍花技巧，用采蜜的昆虫来衬托花色之美。虽然照片算是成功，但却比较常见。针对这种照片，在二次构图时，就可以考虑进行局部的裁剪和放大，变为开放性的构图形式，只表现画面中最精彩的部分，增强视觉冲击力，并达到窥一斑而见全豹的效果，留给欣赏者充足的想象空间。裁剪后的照片效果如图 6-18 所示。

图 6-17

图 6-18

实战：扩充式二次构图

如图 6-19 所示为一张海鸟的照片。海鸟站在岩石上，远景的海面几乎没有任何细节，画面倒是挺干净，但问题在于近处的一只海鸟构图不完整，破坏了画面的整体效果，让人感觉很难受。

图 6-19

如果裁掉前景不完整的海鸟，只保留右侧完整的那一只，画面效果就好了很多，不再有构图不完整的问题了，但也不能说照片就完美了，依然有明显的问题，那就是海鸟面对的一侧是画面边缘，没有为视线前方留下充足的空间，这种画面会给人非常拥挤的感觉，如图 6-20 所示。

图 6-20

　　如果能够裁掉左侧构图不完整的部分后，再为照片右侧补上一块区域，让海鸟的视线前方有充足的空间，那么就理想了。在 Photoshop 中这种对原片扩展的二次构图，虽然少见，但非常有用。在背景简洁的照片中，可以轻松实现。

　　在 Photoshop 中打开原片，选择"裁剪工具"，在上方的选项栏中勾选"内容识别"选项。待裁掉照片的上下及左侧部分后，继续向右拖动扩展。此处应该注意，向右扩展出的部分不宜过大。如图 6-21 所示，扩展出接近 1/3 的比例已经算是非常大了。确定裁剪区域后，在保留区域双击鼠标左键或是单击软件界面右上角的按钮"√"（提交当前裁剪操作），即可完成裁剪。

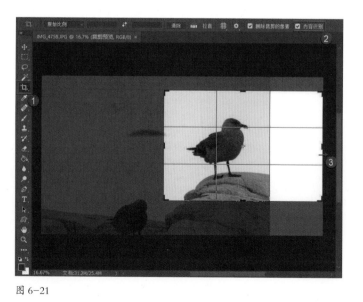

图 6-21

这时，软件会自动识别并填充右侧的空白区域，效果如图 6-22 所示。从 Photoshop CC 2015.5 版本开始，增加了"内容识别"功能，可以在扩展照片画面后自动填充多出来的空白区域，效果是非常理想的。在老版本中，多出的区域是空白的，需要使用"选区工具"将这部分选出来，然后再进行填充。从这个角度来说，建议用户尽量保持自己的 Photoshop 是最新版本，这样可以让后期处理事半功倍。

图 6-22

构图要完整

在二次构图中，一条非常重要的原则就是不要让构图元素变得不完整，否则肯定失败。构图元素的完整性是指要确保重要构图元素的完整，如主体、陪体等对象，都要在照片画面中完整地或是绝大部分地显示出来。如果重要景物只显示了一小部分，那么肯定属于不完整的构图。下面来看具体实例，原片中最左侧的人物被裁掉了一些，构图不完整，因此需要将不完整的部分裁掉，只保留右侧的两个人物。如图 6-23所示的裁剪方式，虽然裁剪之后照片变得非常干净、简洁，但依然存在问题：将保留区域内戴面具的人裁到了肩部，即主要保留了头部，这种切割关节的裁剪依然属于构图不完整，给人的感觉仍然非常难受。

图 6-23

正确的做法是适当放宽左侧的限制，只要确保裁掉了原片中左边不完整的人物，可以多保留一些中间人物的双肩及胸部区域，而不切割关节，这样效果就会变好，因为构图完整了。最终效果如图 6-24 所示。

在理解完整性构图这个概念时，不要抠字眼，而要灵活运用。例如，拍摄一个人，至少要到腰身以下部位，才能算是显示出了绝大部分，但用户能说只拍摄人物头部的照片就属于构图不完整吗？显然，不是这样。看构图元素是否完整，还要根据具体情况而定。对于人像摄影来说，只要在构图时不裁剪关节，一般就不会被认为属于构图不完整。

图 6-24

6.3　比例与参考线

不同比例的设计与裁剪

当前的主流数码单反相机拍摄照片的画幅比例（宽高比）多为 3:2，如佳能、尼康、索尼等，而奥林巴斯、松下等高端数码机型拍摄的照片画幅比例则为 4:3 此外，更为高端的大画幅和中画幅机型，还有 1:1、6:7 等特殊的画幅比，在进行二次构图的裁剪时，Photoshop 根据常见摄影器材所拍照片的比例、用户日常所接触到影像器材的显示屏宽高比等，提供了原始比例 1:1、4:5（8:10）、5:7、2:3（4:6）、16:9 多种裁剪比例，如图 6-25 所示。设定这些不同的比例值后，即可裁剪出该画幅比例的照片，模拟出相应器材拍摄的照片效果。

4. "黄金比例"裁剪

所谓"黄金比例",是一种视觉效果的美学比例,与三等分(九宫格构图)类似。其实,九宫格构图就是简化的黄金比例构图。图中的4个交叉点就是黄金比例点,也就是照片的焦点和视觉中心。具体操作时,只需将主体景物安排在这些交叉点上,或是放在分界线上即可,非常简单,如图6-31所示。

图 6-31

5. "金色螺线"裁剪

1、1、2、3、5、8、13……这组数值有什么特点?答案在于,任意一个数值都等于前面两个数值的和,且越往后排列,临近两个数的比值越接近黄金比例0.618。这组值被称为斐波那契数列,根据这组值画出来的螺旋曲线,被称为金色螺线。

金色螺线的画法:由多个以斐波那契数列为边的正方形拼成一个长方形,然后在每个正方形里面都画一个90°的扇形,连起来的弧线就是斐波那契螺旋线,如图6-32所示。

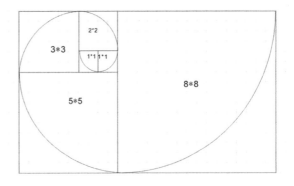

图 6-32

在裁剪时，将主体置于螺旋线末端的位置，画面的视觉效果会比较好，且主体也足够醒目。然而，在实际操作中有的用户可能会发现螺旋线的末端并不是想要的位置，怎么办呢？很简单，只要在"设置裁剪工具的叠加选项"下拉菜单的最底部选择"循环切换取向"菜单命令（或者直接按组合键 Shift+O），即可改变螺旋线的走向。待多次循环后，螺旋线的末端一定会落在用户想要的主体位置上，如图 6-33 所示。

图 6-33

第**07**章 照片瑕疵的修复技术

　　镜头上的污渍、感光元件上的灰尘，都可能在最终拍摄的照片中留下污点。另外，拍摄场景中的一些杂物也可能对主体形成干扰，如人物面部的污点、风光类照片中杂乱的电线等。针对非常明显的污点和瑕疵，借助于后期软件可以进行很好的修复。在Photoshop中，有4类常见的瑕疵修复技术，本章逐一进行讲解。

7.1　修复画笔工具组

在 Photoshop 工具栏的修复画笔工具组中有 5 个不同的工具，它们可有效地修复照片的瑕疵。

污点修复画笔工具

污点修复画笔工具是修复工具组中的第 1 款工具，该工具使用简单、功能强大，可以自动识别并修复污点或斑点。对于绝大多数照片中的污点，都可以使用"污点修复画笔工具"进行处理。打开如图 7-1 所示的照片，人物面部有几个明显的黑头、痘子等瑕疵，放大照片后可以看得更清楚。针对这种面积并不算大，而且周边像素比较相似的小型斑点瑕疵，就可以使用"污点修复画笔工具"来处理。

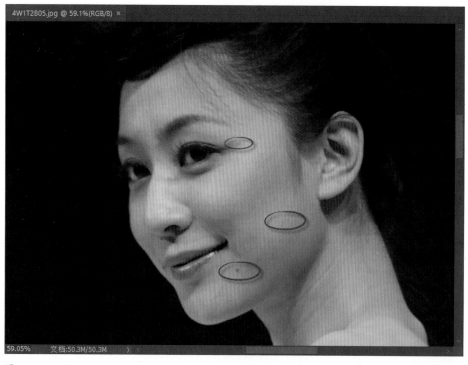

图 7-1

在 Photoshop 主界面左侧的工具栏中选择"污点修复画笔工具"，然后将鼠标指针移动到照片上，变为了圆形。此时，单击斑点，即可将其消除。用户在修复过程中可能已经发现了一个问题：只有在圆形大小能够完全覆盖斑点时，修复效果才最好，所以在修复斑点之前，应该提前设定合适的圆环大小（修复斑点的画笔直径大小）。

正确的处理过程是选择"污点修复画笔工具"；在照片中单击鼠标右键，弹出画笔设置面板，设置修复污点的画笔直径大小，以能盖住污点为准，然后将光标定位到污点上单击，即可非常彻底地消除。操作过程如图 7-2 所示。

图 7-2

小提示

当人物的面部有很多斑点或其他瑕疵时，要想修复，可能就要多次改变画笔直径大小，以应对不同大小的斑点或瑕疵。

修复画笔工具

"污点修复画笔工具"的原理是根据斑点或瑕疵周边像素的颜色／亮度等信息，混合出一个新的、与周边颜色／亮度接近的像素区域，来替换斑点或瑕疵。当斑点周边像素的颜色非常接近且没有过多纹理的时候，这款工具就能够很轻松地将其识别并修复。不过，如果斑点周边像素的颜色、明暗相差较大，或是周边像素存在一些明显的规律性纹理（如明暗交接的区域、色彩过渡不均匀的区域、纹理较多的区域、有明显线条的边缘区域等）时，使用"污点修复画笔工具"修复斑点的效果就不够理想了。

举例来说，如图 7-3 所示的照片中人物发丝的边缘部位有一颗痦子，因为周边是有条理的发丝，所以直接使用"污点修复画笔工具"进行修复的效果就不够理想了——填充的发丝会发生混乱，并且还有些模糊。

图 7-3

针对周边背景像素有明显条纹等的污点瑕疵问题，使用"污点修复画笔工具"无法很好地修复。这时，就需要使用"修复画笔工具"了。"修复画笔工具"与"污点修复画笔工具"的作用相似，都可以用于修复画面中的污点。二者的不同之处在于，使用"修复画笔工具"时，需要用户手动在污点周围的区域进行取样。

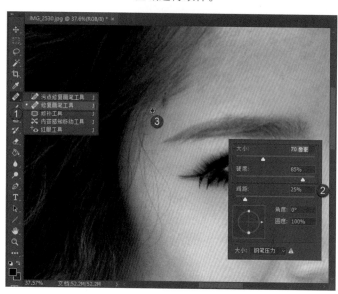

针对人物发际部位的这个污点，只需选择"修复画笔工具"后，单击鼠标右键，在弹出的面板中设定合适的画笔大小，接着按住 Alt 键后单击斑点周围（个人认为应该与斑点位置相似的区域），即可完成对该区域的采样，然后松开 Alt 键，再在瑕疵处单击，即可将取样点很好地覆盖在斑点上，完成修复。操作过程如图7-4所示。

图 7-4

修补工具

"修复画笔工具"和"污点修复画笔工具"在修复一些面积较小的瑕疵时非常有效，只要单击几下鼠标就能处理完成，但如果瑕疵面积较大时，这两种工具的修复效果就不理想了。面对面积较大的瑕疵，要使用"修补工具"。换句话说，"修补工具"适用于对比较大面积区域的修补。

134

打开如图7-5所示的照片，笔者想要做的是将前方左侧的牛消除。

图 7-5

在 Photoshop 软件左侧的工具栏中选择"修补工具"，上方的选项栏参数均保持默认即可。用鼠标在要去掉的牛周边进行勾选绘制（绘制到最后，接近始发点时松开鼠标，蚂蚁线会自动完成连接，将选区封闭起来），将牛勾选出来，如图 7-6 所示。

图 7-6

选区绘制完成后，将鼠标指针放置在选区内，按住鼠标左键，向周边纹理比较自然的位置拖动，用选区周边的像素替换牛后的背景区域，如图 7-7 所示。在拖动时要注意，幅度不宜过大。拖动到目标区域后，松开鼠标。此时，可以发现修补完成，最后按 Ctrl+D 组合键快速取消选区。

图 7-7

需要注意的是，在制作选区时，尽量不要使选区的面积过大，否则修复效果就会不够理想，并留下大量的修补痕迹。

对于有线条或纹理的区域使用修补工具，效果可能会不够好。

这样就可以将大面积的区域修补完毕。修补完成后，如果还有小面积的残留区域修补得不够自然，就可以再次利用"修补工具"在这块区域上做一个小范围的选区，对其进行修补，如图7-8所示。

图7-8

经过多次对残留区域进行修补处理后，最终的画面效果如图7-9所示。

图7-9

136

小提示

参数说明

（1）选中"修补工具"后，在上方的选项栏中，用户可以设定一些相关的功能和参数。如果初次建立的选区太小，那么还可以单击选项栏中的"添加到选区"按钮，然后在画面中按住鼠标左键拖动，将没有被选中的区域添加进来；如果之前建立的选区过大，则可以单击"从选区减去"按钮，勾选出要减去的区域。

（2）在选项栏中除了可以利用添加、减去功能对选区进行大小的调整之外，还可以对修补的方式进行选择和设定。在"修补"后的下拉列表中，有"正常"和"内容识别"两个选项，如图7-10所示。选择"正常"选项，操作与笔者之前介绍的污点修复等没有本质的区别；选择"内容识别"选项，Photoshop软件会根据修补区域周围的纹理自动判断，进行修补和填充。当照片中纹理过多时，利用该方式修图的效果会比较理想。在大多数情况下，建议用户多使用"内容识别"选项。

（3）设定"内容识别"选项后，可以看到后面的结构和颜色参数。"结构"代表修补区域边缘的羽化程度；"颜色"代表修补区域与周边区域的融合程度。参数值设置得越高，修补区域的色调融合度就越高，同时纹理也就减去越多。在具体使用时，用户可以多次设置"结构"和"颜色"，使修补区域的色彩和纹理与周边区域越来越匹配。

图7-10

内容感知移动工具

之前笔者介绍了多种工具，能够将照片不同大小的污点、瑕疵修复。现在介绍如何将照片中的某些景物移动位置。这包含两层意思：其一是将景物移动到新的位置；其二是修复将景物移走之后留下的空白。显然，污点修复画笔工具、修补工具等都无法完成这项工作，这时就需要使用"内容感知移动工具"了。

在如图7-11所示的照片中，笔者要将正在挥动镰刀的儿童向右移动，覆盖旁边的大人。

图7-11

在工具栏中选择"内容感知移动工具",其界面上方的选项设定如图7-12所示。最主要的是,将模式选择为"移动",而"结构"和"颜色"这两个参数,之前已经介绍过了,这里不再赘述。另外,在用鼠标勾选儿童时,范围应稍微大一些,特别是在人物下方要勾画出足够大的区域,以便能够覆盖右侧的大人。

小提示

移动和扩展

"移动"是指将景物移走,然后用类似于周边的像素来填充移走景物后的空白。"扩展"相当于复制,是指将选区内的部分区域复制,然后粘贴到其他位置。

图 7-12

建立好选区之后,将鼠标指针放在选区之内,按住鼠标左键不放并向右拖动到新的构图点上。此外,本例中还应注意要覆盖住原来存在的人物。操作过程如图7-13所示。

图 7-13

将选区内的景物移动到新位置后，松开鼠标。此时，还可以对选区内的景物进行大小的缩放或是旋转。本例因为没有必要进行缩放或是旋转，所以就直接按键盘上的 Enter 键，完成移动。此时计算机经过计算，对边缘区域进行模拟填充，然后按 Ctrl+D 组合键取消选区。修复后的效果如图 7-14 所示。

此时可以发现，儿童不仅移动了位置，而且画面效果也非常自然。如果选区的边缘部分有些失真，那么就可以再使用"污点修复画笔工具"等进行修饰，直至让效果自然起来。

图 7-14

红眼工具

修复工具组中最后一款工具为"红眼工具"，这个就比较简单了。红眼是因为在弱光下人眼瞳孔放大，增加了入光量，同时又遭到正面而来的强烈闪光灯直射，照亮了眼底的毛细血管而产生的。

打开需要去除红眼的这张人物照片，如图 7-15 所示。

图 7-15

在工具栏中选择"红眼工具"，然后在其选项栏中设置"瞳孔大小"和"变暗量"。其中，"变暗量"设置得越大，去除红眼的可能性就越大，因为它可以降低饱和度，特别是调低红色的明度。在正常情况下，没有必要对选项栏中的参数进行过多的调整，故这里笔者采用的是默认设置。

在照片中拖动鼠标即可框选出眼球区域，如图 7-16 所示，松开鼠标后就可以看到红眼现象有所改善了。

图 7-16

接下来，用同样的方法对另外一只眼睛也进行修复，如图 7-17 所示。

图 7-17

有时候用户可能会发现修复一次之后的效果虽然明显，但并不完美，需要多次拖动鼠标来达到去除红眼的最佳效果。照片处理的最终效果如图 7-18 所示。

图 7-18

7.2 仿制图章工具

相对于其他智能修复工具组中的多款工具而言，仿制图章工具可以说是最不够智能的。这款工具不像其他工具那样，可以自动识别要修复区域周边像素的亮度和色彩并进行自动修复，而只是在设定复制源后，将其粘贴到想要修复的位置。

这种被动、单纯的复制行为看似愚蠢，但有时却很好用，因为它不会让一些存在明显轮廓的景物边缘出现模糊，并且还能够忠实地执行用户做出的操作决定。下面通过具体的实例，来介绍仿制图章工具的使用技巧和方法。打开如图 7-19 所示的照片，笔者想要将左侧的电线和中间的那匹马清除掉。

图 7-19

在工具栏中选择"仿制图章工具",单击鼠标右键,在弹出的面板中设定合适的画笔大小,然后按住 Alt 键在左侧的电线上方单击鼠标左键取样,松开后,再将鼠标指针移动到电线上单击,就可以将画笔覆盖的电线部分消除了。在具体的处理时,取样后可以将画笔放在电线上并按住鼠标左键拖动,对画面中的电线进行涂抹、消除。具体操作如图 7-20 所示。

针对本图中电线的修复,用户使用上面介绍过的污点修复画笔工具、修复画笔工具、修补工具、内容感知移动工具也都可以实现。接下来对中间马匹的修复操作,最好的选择就是仿制图章工具了。

图 7-20

继续使用"仿制图章工具",在靠近中间马匹的周围区域取样,进行仿制操作,将马匹外侧一些比较容易修复的区域先处理掉,如图 7-21 所示。

图 7-21

如果对两匹马交界的位置进行仿制，就会发现很难仿制出较好的边缘效果。那怎么办呢？针对这种情况，一般需要先为边缘建立选区，然后只对选区内的部分进行仿制操作。如图7-22所示，选择"多边形套索工具"，设定羽化值为1（轻微的羽化可以让边缘更加平滑；如果羽化值过大，就会让边缘变得模糊），将中间马匹残留的部分勾选出来。需要注意的是，边缘部分要勾选得精确一些。

图 7-22

　　建立好选区之后，再次选择"仿制图章工具"。取样时不必考虑选区的问题，只需根据个人需要进行取样即可。例如，要处理中间马匹的腿部时，只需找到合适的位置取样，如图7-23所示，而没有考虑所建立的选区问题。

图 7-23

利用多次取样处理，可以将中间的马匹修复掉。由于笔者在建立选区时进行了限定，因此修复的区域将只限于选区内的部分，而不会让前方马匹的边缘发生混乱和模糊。需要注意的是，天空与草原交界的地方，应该在右侧显示出的天际线位置取样，如图7-24所示。

图 7-24

在利用仿制图章工具修复瑕疵时，可以看到，软件只是忠实地执行了笔者设定好的复制操作，而没有随意地去"智能化混合，进而填充目标区域"，所以也就没有出现大量模糊的区域，这些从修复后的效果也可以看出来。建立选区并进行初步修复后，照片效果如图 7-25 所示。因为将要进行多次的仿制图章操作，以致大量的历史记录很快就会覆盖之前的一些操作记录，所以到了一些关键的步骤时，要注意在其历史记录前面单击"设置历史记录画笔的源"，这样就标记下了该关键步骤。

从此时的处理效果可以看到两个问题：其一，远处马匹的臀部有些残存区域没有处理完全；其二，在前方马匹右侧边缘处线条不够平滑，有些生硬。

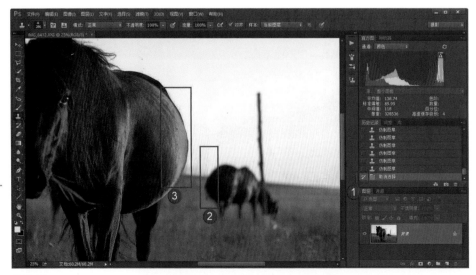

图 7-25

针对远处马匹臀部的残留问题，只要使用一般的"仿制图章工具"进行再次的修复即可，修复后的效果如图 7-26 所示。

图 7-26

最后，可以看到，前方马匹的边缘过于生硬，不够自然，需要进行调整。这种对边缘位置的处理，是非常关键的一个步骤。只有将边缘控制到位，最终处理的效果才会看起来更加真实、自然。

要让生硬的边缘线条变得柔和、平滑，可以选择不规则形状的画笔来修复马匹边缘的轮廓线，使背部边缘不至于太过规则。如图 7-27 所示，选择"仿制图章工具"后，在选项栏的笔刷列表中，选择图示的笔刷，设定笔刷大小，并拖动调整笔刷的方向。待这一切设定好之后，将笔刷放在边缘上进行仿制图章的操作。

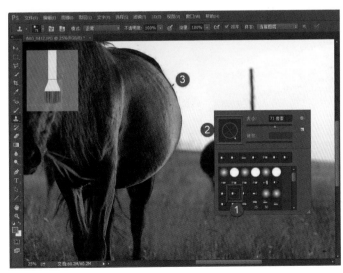

图 7-27

经过使用特殊笔刷的仿制图章操作，最终可以让边缘部位变得更加柔和、平滑，而照片最终的效果也会变得更加真实、自然，如图7-28所示。

图 7-28

7.3 利用填充命令修复瑕疵

在 Photoshop 中，对照片瑕疵的修复主要是依靠智能修复工具组中的5款工具，以及仿制图章工具来完成的。除此之外，在命令菜单中还隐藏着一种非常有意思的处理方法——填充命令。

看到如图7-29所示的照片，笔者想要删除红圈内的岩石，让画面显得稍稍干净一些。怎么操作呢？答案会有很多，比如可以使用修补工具、内容感知移动工具、仿制图章工具等。因为有些岩石的面积较大，所以通常不会使用污点修复画笔工具来处理。下面讲解如何使用"编辑"菜单中的"填充"命令来操作。

图 7-29

先来看笔者的处理过程：在工具栏中，选择"套索工具"，
然后勾选出某块想要去掉的岩石。勾选时要注意，选区不宜过
大，以能够完全包含目标区域为准，但也不宜过小，在目标区
域外围，要适当留出一些空间来，如图 7-30 所示。

图 7-30

在编辑菜单中，选择"填充"菜单项，弹出"填充"对话框。
在该对话框中，需要设置内容选项。在本例中，笔者将其设定
为"内容识别"，然后单击"确定"按钮返回，如图 7-31 所示。

图 7-31

这时可以发现，照片中右侧的那块岩石被去掉了，然后
按 Ctrl+D 组合键取消选区即可。如果觉得修复效果不够理想，

还可以再重复进行前面的建立选区—填充的操作，让修复效果变得更加完美。接下来，用相同的方法，分别勾选想要去掉的岩石，然后再执行填充操作，这样就能将这些岩石都去掉了。照片的最终效果如图 7-32 所示。

从上述的整个过程可以看到，仅从照片瑕疵修复的角度来说，填充功能与一般的修复工具差别不大。

然而实际上，填充对话框中可以进行的操作是非常多的，在数码后期许多其他的应用当中，用户可能都需要使用到填充对话框，如将"内容"选项设定为 50% 灰、黑色等，可以达到不同的效果，但这并不是修复瑕疵所需要的知识，这里不必赘述。

图 7-32

7.4　修复有规律背景上的瑕疵

使用填充工具、污点修复画笔工具、仿制图章工具都可以修掉照片中的杂乱元素，但有一种特殊情况，使用这 3 款工具却无法修复——背景呈现出规律性变化的照片，无论用户使用之前介绍的哪种工具，试图修掉污点瑕疵，都会发现背景的纹理轨迹发生了变化，形成了新的干扰。

下面来看具体的实例。现代化楼房外墙的贴砖、玻璃窗等都是呈规律性变化的，如果要修掉楼房外墙上的横幅、广告、污点，无论用户使用哪种工具，都无法在修掉后，还能保持背景纹理的真实性。针对这种情况，正确的做法是使用滤镜中的"消失点"来进行处理。打开如图 7-33 所示的照片，可以看到现代化楼房的外墙上有一团污渍，接下来要做的是将其处理掉，且不破坏背景的真实效果。

图 7-33

　　首先，可以尝试利用污点修复画笔工具、内容感知移动工具、填充功能等来进行修复。如图 7-34 所示为笔者使用"填充"菜单命令尝试修复后的效果。此时，可发现修复的区域与周边区域无法很好地融合起来，明显失真，也就是说处理失败了。接下来，尝试使用其他的修复工具来进行处理，发现也存在同样的问题，无法达到完美的修复效果。

图 7-34

　　正确的做法是，在历史记录中选择"打开这一历史记录"，回到照片刚打开时的状态。在"滤镜"菜单中选择"消失点"菜单命令。这时，会进入到单独的"消失点"滤镜处理界面，如图 7-35 所示。
　　拖动"消失点"界面的边线，可以对该界面进行放大或是缩小。

图 7-35

在"消失点"界面的左上角选择"创建平面工具"，然后依照楼体外墙上线条的变化规律打点。在本例中，只打 4 个角上的点即可，如图 7-36 所示。注意一定要依照墙壁线条变化的规律打点。

打点的方法是，首先在一个楼体外墙上的线条交叉点上单击鼠标，打下第 1 个标记点，然后沿着楼体自身的横向线条移动到另外一个交叉点上，打下第 2 个标记点，这两个标记点之间的距离要宽于污渍，接下来从第 2 个标记点开始，沿着纵向的线条向上移动，在合适的位置打下第 3 个标记点，最后，沿着横线向左移动，打下第 4 个标记点。

从实际场景来说，这 4 个标记点覆盖的区域是一个标准的长方形，但在照片中却呈现出一种与楼体一样的透视规律——下面宽、上面窄。

图 7-36

点下第 4 个位置后，会发现所覆盖的矩形区域是呈现规律性变化的，且与墙壁线条的变化规律是一致的，如图 7-37 所示。此外，这个矩形框内的多条参考线也是很有规律的，同样可以看到与背景的墙体变化规律一致。

图 7-37

　　在"消失点"对话框左侧的工具栏中选择"图章工具"，然后设置合适的网格大小（以能覆盖大部分或是全部的污点为佳），如图 7-38 所示，然后按住 Alt 键在所建立的框内某个干净的区域单击，进行模拟取样。

图 7-38

取样结束后，将鼠标指针移动到污渍区域，会发现可以很好地覆盖，然后单击，开始修复污渍，多重复几次，以便将污渍彻底修复，如图 7-39 所示。污渍修复完毕后，单击"确定"按钮，即可返回软件主界面。

图 7-39

修复完毕后的照片效果如图 7-40 所示，可以看到，楼体的结构变化非常自然、流畅，同时污渍也被很好地去除了。

图 7-40

第08章 摄影后期的4种重要功能

有关照片清晰度、明暗影调和色彩处理方面的知识，是摄影后期的理论基础。如果要对照片进行全面处理，需要借助于一些特定的工具或功能。

Photoshop中，图层、选区、蒙版和通道是最重要的4种功能设定，掌握了这4种功能设定后，再结合基本理论，就能真正掌握摄影后期的精髓。

8.1 图层：真正后期的起步

理解并使用图层

照片是由像素构成的。为了便于理解，可以这样说，图层就是一张照片，在这张照片上再放一张同样尺寸的照片，即两张照片叠加在一起，那就会有两个图层。如果将上面那张照片抠掉一块，就会露出底下那张照片的一部分。这样来描述图层的概念，用户是否就感觉特别容易理解了？

一个图层不一定是照片，有可能仅仅是几个文字或几根线条。其实，这很容易理解，如果在前面那两张照片上面再放几根线条的话，那么现在就有了3层结构：第1层是线条，第2层是一张照片，第3层同样是一张照片。在Photoshop中打开照片，图层面板里就可以看到图层图标，名为图层1，而工作区中则会显示照片，也就是图层内容，如图8-1所示。

图 8-1

先让打开的照片都处于浮动状态，便于观察。

在工具栏中选择"移动工具"，按住鼠标左键选中打开的一张照片，然后将这张照片拖到另外一张照片上。当鼠标指针的旁边出现一个"+"时，松开鼠标，即可将一张照片移动到另一张照片上。此时，在图层面板中可以看到原片为背景图层，新拖入的照片为图层1，如图8-2所示。拖入照片时，如果按住Shift键，那么新拖入的照片就会与原片居中对齐，被放到了原片的中间位置。

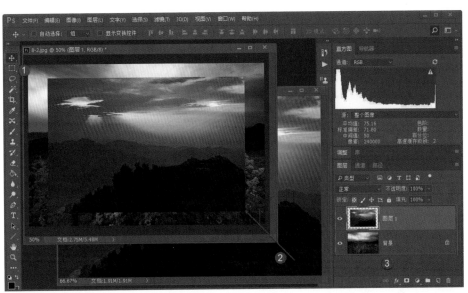

图 8-2

　　为方便观察，可以降低图层 1 的不透明度，这样就可以大致看出照片的两个图层是叠加在一起的。在调整透明度时，用户可以在不透明度文本框中直接输入数值，也可以拖动下面的滑块调整。

　　另外，新拖入的照片尺寸较小，在"编辑"菜单中选择"自由变换"，拖动照片边缘即可调整尺寸。在调整时要注意，鼠标指针应该放在照片的 4 个角上，这样可以进行等比例缩放。如果是放在边线上进行左右或上下拖动，就会改变照片比例。这里笔者拖动放大图层 1 的照片，让其覆盖背景图层，如图 8-3 所示。

图 8-3

　　在工具栏中，选择"文字工具"，然后在工作区中单击，就可以输入文字了，如图 8-4 所示。这里输入了"风光白石山"几个字。

图 8-4 的信息量非常大，希望用户认真阅读。① 选择文字工具。② 设定艺术化字体；调整所输入文字的大小——文字过大会破坏照片效果，而过小则看不清楚。③ 设定文字的颜色为深灰色。④ 输入文字后，可以在工具栏中选择"移动工具"，点住输入的文字，移动位置，或在"编辑"菜单中利用"自由变换"命令对文字的大小进行调整。

最终，用户可以在图层面板中看到 3 个图层。如果将文字看作线条，那么这 3 个图层与本节最开始讲的原理就对应起来了，即先是两张照片放在一起，上面再放几根线条，得到 3 个图层。

图 8-4

此时的照片，是 3 个图层的叠加，但用户在工作区中只看到了文字图层和图层 1 这两个图层叠加的效果，无法看到背景图层的内容。如果要让底下的图层显示出来，可以使用橡皮擦工具，擦掉上面的图层像素。具体操作为，在图层面板中单击要擦拭像素的图层，确保选中该图层，然后在工具栏中选择"橡皮擦工具"，设定合适的画笔大小、不透明度等参数，最后在照片上想要去掉的像素区域擦拭，就会露出底下图层的内容了，如图 8-5 所示。

在本例中，笔者既保留了图层 1 中最精彩的天空部分，又保留了背景图层中最精彩的地面部分，这两个图层叠加的效果就发生了很大变化。与原来的显示效果相比，用户会发现当前画面更漂亮。上述的操作，其实就是照片合成的一个过程。

图 8-5

　　对不同图层进行操作后，各个图层叠加在一起，可显示出不同的画面效果。如果用户对叠加效果比较满意，就可以考虑保存照片了。在进行照片的保存之前，首先还应该合并图层，单击鼠标右键选中背景图层的空白处，然后在弹出的快捷菜单中选择"拼合图像"，将多个图层拼合在一起，如图 8-6 所示。

　　拼合图层之后，在"文件"菜单中选择"存储为"，将照片保存。

图 8-6

　　打开一张照片，如图 8-7 所示，可以看到软件工作区中的照片，以及右侧图层面板中的"背景"图层。

此时，即便使用工具栏中的"移动工具"，也无法移动照片，因为在图层面板中"背景"图层的右侧有一把锁形的图标。该图层照片的像素暂时被锁定，即便使用移动工具也不能够移动它。需要注意的是，这把锁锁定的是照片中像素的位置，但仍然可以对照片进行处理，比如对明暗、色彩及锐度的处理。只是不能移动像素的位置，也不能改变图层的名称，比如无法将"背景"改成"芭蕾舞"。

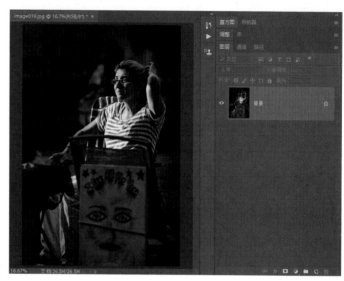

图 8-7

如果要改变这个图层中像素的位置，或者是图层的名称，怎么办呢？其实很简单，鼠标双击这个背景图层的图标，弹出一个"新建图层"对话框，在其中将图层名称改成"芭蕾舞"，然后单击"确定"按钮返回即可。

实际上，更简单的操作是在图层图标的右侧，单击锁形图标，然后该图标消失，图层解锁。解锁后的图层名称不再是"背景"了，而变为了"图层 0"。要改变这个图层的名称，只需双击图层名称文字，变为可编辑状态，然后输入想要的名称就可以了，如图 8-8 所示。

图 8-8

一般来说，用户不需要对"背景"图层进行解锁。如果要移动像素的位置进行后续处理，可以把背景图层复制下来再粘贴，这样就会贴上一个完全一样的图层。用户只需对新复制的图层进行处理就可以了。

在图层面板中单击背景图层，按 Ctrl+J 组合键即可完成复制和粘贴的操作，生成新的图层 1。下面通过一个实例，来介绍这种处理。当选中复制出来的图层之后，在"图像"–"调整"菜单中选择"曲线"菜单项，打开"曲线"对话框，向下拖动曲线，降低照片的整体亮度。此时，可以发现工作区的照片变暗了，且从图层面板中可看到"编辑"图层的缩略图也变暗了，但背景图层没有任何变化，如图 8-9 所示。由此可知，用户对新复制出来的图层进行编辑和处理，是不会影响到背景图层的。

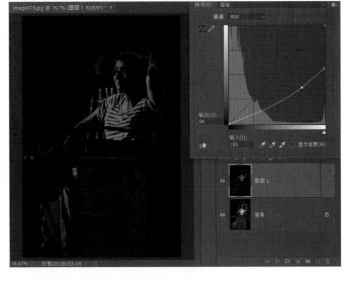

图 8-9

笔者这样做的目的，是想让照片的环境变暗，而人物亮度不变。将复制出来的图层调暗之后，选择"橡皮擦工具"，然后把橡皮擦的直径设置得稍微大一点，在新复制的"图层 1"中对人物进行擦拭，露出背景图层中原本较亮的人物部分。这样当照片叠加后，就变成环境比较暗、人物比较亮的效果了。同样地，在图层面板可发现，"编辑"图层的缩略图中也发生了变化，如图 8-10所示。

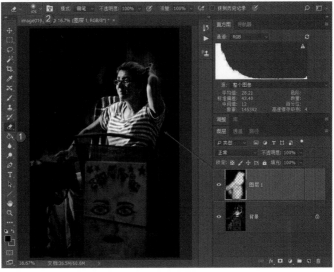

图 8-10

如果要突出叠加前后的效果，也是非常简单的，因为凡是没有锁定的图层都是可以打开或者隐藏的。单击"图层 1"前面的小眼睛图标（"指示图层可见性"按钮），即可隐藏图层。此时，可以发现工作区的照片效果发生了变化，变为了没有对照片进行处理时的背景图层效果，如图 8–11 所示。再单击一次"显示图层"，照片又会呈现出叠加的效果。如果觉得处理过度了，还可以在图层面板中将"图层 1"的不透明度稍稍降低。此时，观察照片可以发现效果变弱了一些。

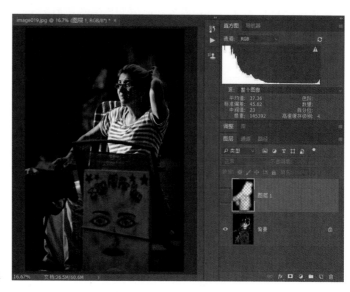

图 8–11

在确定处理完照片后，如果将照片保存为 TIFF 格式，就可以将图层信息都保留下来。待下一次打开该照片时，会有两个图层，方便用户在以后某个时间继续对照片进行处理。不过，由于照片包含了两个图层信息，因此最终保存的 TIFF 格式照片会比较大。如果要想节省空间，那么就可以在保存照片之前，先将这两个图层合并起来，然后再将照片保存为 JPEG 格式。这样会比较节省空间，但新复制的"图层 1"就不存在了，被合并到了背景图层当中。

当然，用户还可以对图层进行删除等其他操作，单击鼠标右键选中某个图层的空白处，在弹出的菜单中选择在"其他操作"，如图 8–12 所示。

在此，用户只是对新复制的图层进行了曲线调整。复杂的数码照片后期处理，还包括添加亮度 / 对比度、色阶、色相 / 饱和度、色彩平衡等一系列调整，其目的是在不破坏"背景"原片的情况下快速调整或修改图片，十分方便和快捷。在本例中，最终呈现的是两个图层的叠加效果，以后用户还可能会遇到对几十个图层进行叠加的情况。

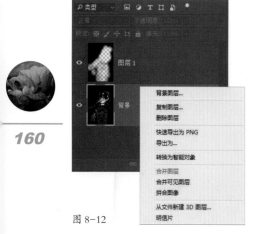

图 8–12

图层混合模式

当将两层照片叠加在一起时，如果采取不同的叠加方式，那么在工作区呈现出来的画面效果就会有所差别。改变照片叠加的方式，是通过改变图层混合模式来实现的。比如，如果两层照片以最简单的"正常"模式叠加在一起，那么上层的照片就会完全遮挡住下层的照片，从而照片叠加出来的效果就会是上层照片。

图层的这种叠加方式，被称为图层混合模式，指两个图层叠加在一起，设定不同的混合模式后，工作区会显示出不同的画面效果。下面通过一个实例，来介绍图层混合模式。首先打开如图 8-13 所示的照片。

图 8-13

在图层面板中，按住鼠标左键打开照片对应的背景图层，向下拖动到"创建新图层"图标上，然后松开鼠标，复制一个新图层出来，如图 8-14 所示。

在此，用户应该能够想到，其实单击鼠标右键选择背景图层，通过快捷菜单中的"复制图层"命令也可以新建复制的图层。另外，还可以直接按 Ctrl+J 组合键来实现操作。使用这几种手段复制新图层，只要原片中没有建立选区，那除名称有所差别外，其效果就完全相同。

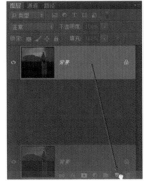

图 8-14

图 8-15

在图层面板的左上方，"类型"下拉列表的下方，便是图层混合模式列表。其中，默认的混合模式是"正常"。单击打开混合模式列表，可以看到一共有 27 种图层混合模式，如图 8-15 所示。在使用图层混合模式时，通常将背景图层称为基础图层；将上方叠加的图层称为混合图层；将混合后的照片效果称为混合效果。

下面，笔者将从 27 种图层混合模式中挑选两种来进行介绍，而对于其他的混合模式，用户则可以通过网络或其他图书进行学习。

将图层混合模式改为"滤色"，可以发现照片整体变亮了，如图 8-16 所示。在滤色图层混合模式下，两个图层经过一定的公式进行计算，叠加的效果往往是变亮的，但很少会出现高光溢出。公式是这样的：叠加后颜色亮度 =255 - [（255 - 基色）×（255 - 混合色）]/255。其中，基色是指背景图层的色彩亮度；混合色是指新复制图层的色彩亮度。根据之前介绍的照片明暗知识，相信用户可以搞明白这个公式。

在本例中，笔者假设照片某个像素的亮度为 100，即基色为 100。因为是直接复制了图层，所以对应的混合色亮度也是 100。套用公式可知，叠加的颜色亮度就是 161，明显变亮了。叠加后的像素亮度，除了纯黑色和纯白色外，其他像素都要变亮，但因为要用 255 减去一个值，所以很少出现高光溢出的问题。

图 8-16

再次复制一个图层出来，将这个图层的混合模式改为"柔光"。这时，会发现照片的对比度变高了，好看了很多，如图 8-17 所示。

"柔光"混合模式的作用是让照片的中间调和亮部区域都变得更亮，而暗部区域则会变得更暗。这相当于提高了照片的明暗反差，达到有点类似于柔光灯直接照射的效果。

当然，以上所说的是对复制图层而言的，如果是两个完全不同的照片叠加，就不是这样了。如果上层图像的颜色（光源）亮度高于 50% 灰，底层就会被照亮（变淡）；如果上层颜色（光源）亮度低于 50% 灰，底层就会变暗，好像被烧焦了似的；如果直接使用黑色或白色去进行混合的话，就能产生明显的变暗或者提亮效应，但是不会让覆盖区域产生纯黑色或者纯白色的效果。

图 8-17

照片经过两次叠加后可发现，明暗影调层次对比过于强烈，且高光部分有些过亮，暗部又太黑。针对这种情况，只要分别选中不同的图层，更改不透明度，就可以削弱图层混合的效果了。

首先选中滤色混合的中间图层，适当降低不透明度，同时观察照片效果，可再适当压暗照片，如图 8-18 所示。

然后选中最上层的柔光混合图层，适当降低不透明度，让高光区域不会太白，暗部又不会太黑，这样的影调层次非常明显，而又不会过于跳跃，如图 8-19 所示。

照片调整完成后，单击鼠标右键选中某个图层图标右侧的空白区域，在弹出的快捷菜单中选择"拼合图像"菜单项，合并图层，最后保存照片即可。

图 8-18

图 8-19

照片调整前后的效果对比如图8-20所示，可以看到照片的色调、影调都变得更加漂亮了。

图片

调整后的照片效果

图 8-20

8.2 选区：贯穿始终

　　将图层叠加起来，用橡皮擦擦拭掉上面图层的像素，就会露出下层照片的某些区域，最终实现合成，但这里有一个问题，橡皮擦擦拭时的边缘是不够准确的，只是大致地擦拭。如果要准确地擦掉上方图层的某些区域，那么就要借助其他工具来实现了。如果先用边线圈出一块区域，再用橡皮擦，就可以只擦拭限定区域内的像素了，最终完成精确的像素控制。这种用边线圈起的区域，被称为选区。

常用选区工具的使用技巧

　　在 Photoshop 中，有多种工具可以用于建立选区，帮助用户精确控制照片的像素。下面介绍两种选区工具：一是简单的、规则性的选区工具，如矩形选框工具、圆形选框工具等；二是可用于勾选边缘不规则景物的套索工具，如多边形套索工具、磁性套索工具等。

先来看规则性的选框工具。打开两张照片，然后将山景照片拖入到天空背景图层上，如图 8-21 所示。单击选中上方的图层，确保是对该图层进行操作；选择"矩形选框工具"，在照片上拖动，建立一个选区；选择"橡皮擦工具"，在选区内擦拭。这时，擦拭就会被严格限定在选区内，露出背景图层的选区部分，实现了精确控制（按 Ctrl+D 组合键可以取消选区）。

图 8-21

单击选中处于锁定的背景图层，再次建立选区并擦拭。此时，会发现擦掉像素后背景变为了红色，这是因为该图层下方没有其他图层了，从而露出红色的画布背景，如图 8-22 所示。

图 8-22

当然，背景色是可以改变的。使用鼠标单击工具栏中的背景色图标，弹出"拾色器"界面，在其中的色板里单击就可以定义不同的背景色或前景色，如图 8-23 所示笔者定义了不同的背景色。如果选择"画笔工具"，在照片上涂抹，显示的便是前景色。另外，单击"切换前景色和背景色"按钮，即可将当前的前景色和背景色互相切换。

当删除选区内的像素后，选区边缘非常明显，两个图层间是格格不入的，过渡不够自然。这时，使用"羽化"功能，则可以解决这一问题。建立选区后，先不要删除或擦拭掉选区内的像素，而是在选区内单击鼠标右键，在弹出的菜单内选择"羽化"菜单项，将羽化值加大。这里设定为50，单击"确定"按钮返回，如图8-24所示，然后按 Delete 键或用橡皮擦去掉选区内的像素。此时，会发现在选区的边缘位置，两个图层的过渡非常自然、平滑，效果如图8-25所示。需要注意的是，在对选区进行羽化时，羽化值设定得越大，选区边缘越平滑，但过大的羽化值会让边缘失真。

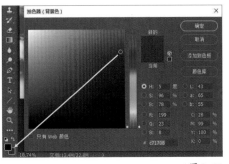

图 8-23

图 8-24

图 8-25

小提示

正方形或正圆形选区

　　建立选区的工具除了"矩形选框工具"外，还有"椭圆选框工具""单行选框工具"和"单列选框工具"，它们的操作方法没有区别。需要注意的是，在建立选区时如果按住 Shift 键，建立的就是正方形或是正圆形选区。

　　使用选框工具虽比较快捷，但是只能大致建立一些选区，无法做到精确。如果要准确地勾选一些主体，建立选区，就需要使用套索工具、多边形套索工具或磁性套索工具进行操作了。

　　打开如图8-26所示的两张照片，将山景照片拖动到背景图层上面，调整山景图层照片的尺寸，使其与背景图层一样大。

图 8-26

在工具栏中选择"多边形套索工具"，将山景照片的天空部分勾选出来，如图 8-27 所示。

图 8-27

在勾选天空选区时，有些边缘部分可能会不准确，过多地包含进了山体部分或漏掉一部分。这时，就要使用上方选项栏中的"从选区减去"或"添加到选区"功能了。在本例中，笔者选择了"从选区减去"，然后勾选出多选的山体部分，如图 8-28 所示，即可从建立好的选区中去掉多选的区域。"添加到选区"和"从选区减去"都是常用的重要功能，用户一定要掌握其使用方法和技巧。

图 8-28

笔者想要做的是将没有云的天空区域擦掉，露出背景漂亮的天空。现在已经将天空部分精确地勾选出来了。这时，要先对选区进行羽化，否则边缘会显得太生硬。在选区内单击鼠标右键，然后在弹出的菜单中选择"羽化"，设定羽化值为1，最后单击"确定"按钮返回主界面，如图 8-29 所示。

图 8-29

接下来，就可以按 Delete 键，直接将选区内的像素删除，或是选择"橡皮擦工具"，将选区内的像素擦掉，这样就会露出背景带云层的天空了，最后再按 Ctrl+D 组合键取消选区，效果如图 8-30 所示。

小提示

选区使用技巧

　　（1）选择套索工具后，在景物边缘单击就能建立一个节点，松开后移动鼠标就可以拖出选区线，然后在拐角处再单击还可以建立一个节点，用于改变选区线的方向，最后，在选区线末端靠近初始端时，鼠标指针附近会出现一个圆圈，单击就可以将选区封闭起来。

　　（2）当选区线两端没有靠近时，如果想要封闭选区，双击鼠标即可。

　　（3）在建立选区的过程当中，肯定会有操作失误，导致产生错误的节点。此时，不要紧张，按下键盘上的 Backspace 键就可以擦掉错误的节点，然后继续操作。

　　（4）磁性套索工具可以自动识别明显的景物边缘，不用单击鼠标即可建立选区。

　　从这个案例的处理过程可以看到，虽然是学习矩形选框和套索工具的使用技巧，但事实上却关乎整个后期处理领域贯穿始终的"选区"这个概念。

图 8-30

强大的快速选择与魔棒工具

与手动查找景物边缘然后建立选区的方式不同，还有一种更加智能的手段：可以使用快速选择工具或魔棒工具来建立选区。

当使用快速选择工具时，在工具栏中选择该工具，然后将鼠标指针放到要建立选区的位置，按住鼠标左键拖动，系统就会自动查找景物边缘并进行描线，直至将周边明暗和色彩差别不太大的像素区域全部勾选出来。

针对快速选择工具，最主要的参数设定为笔触的大小，这个要根据用户建立选区的大小来设定。如果想要建立较大的选区，那么就应该将笔触大小设置得大一些；如果是为一些树叶的缝隙、头发丝的缝隙等较小区域建立选区，那么就应该尽量将笔触大小设置得小一些。

如果设置的快速选择画笔较大，那么对目标区域的勾选是非常快的，稍微拖动一下就几乎能将像素差别不大的区域全部都勾选出来，如图8-31所示。

图 8-31

快速选择工具的强大之处就在于"快"，这一点在对大片区域建立选区时非常好用。当建立好大片的选区后，针对立柱中间的小选区，就可以缩小画笔直径，确保在选项栏中选择"添加到选区"，然后在这片区域上拖动就可以将该选区也添加进来，如图 8-32 所示。

图 8-32

检查勾选的结果，就会发现快速选择工具的缺点也同样明显——对区域边缘有些墙体部分的识别不够精确，也被错误地纳入了进来。针对这种情况，可以设定"从选区减去"，在多勾选进来的部分单击，将这部分去掉，最终的选区效果如图8-33 所示。（当然，也可以选用"多边形套索工具"，设定"从选区减去"，将多选的部分去掉。）

图 8-33

与快速选择工具相似的还有魔棒工具。如果选择"魔棒工具"，在照片中的某个位置单击，那么整个与单击位置明暗度相近的区域就都会被同时勾选出来。简单来说，一步就能建立较大的选区。

用户可以设定容差值，即规定使用魔棒单击时，在容差范围内的照片像素会建立选区，而与选定位置的容差超过了设定值的区域则不会被选定出来。所谓的"容差"，其实就是一种动态范围值。用户都知道一张照片有 256 级亮度，比如在色阶图中，从最暗到最亮就用 0~255 级动态来表示。如果设定了容差值为 50，那么与魔棒单击位置相差 50 级亮度以内的区域就都会被勾选出来建立选区，如图 8-34 所示。如果限定了"连续"这个条件，那么在照片中其他与单击位置容差在 50 以内的像素就不会包含进来；如果不限定"连续"，那么就是在全照片范围内将与单击位置容差在 50 以内的像素都会被选择出来，如图 8-35 所示。

图 8-34

图 8-35

初学者一看，可能会觉得魔棒是非常好用的工具，不用麻烦，可一次性地建立大面积选区，但根据笔者个人的经验来看，魔棒并没有那么好用，因为用户大多拍摄的是一些风光、建筑、花草、生态、室外人像等题材，在这类题材的照片中，几乎没有大片亮度非常相近的区域，所以是没有办法使用魔棒一次性建立选区的。另外，在具体使用时，设定较大的容差，很容易发生边缘不准确的情况；而如果设定容差较小，那么又无法快速建立较大面积的选区，所以这一功能有时候不够智能。

在平面设计或是室内的商业人像摄影中，使用魔棒工具，设定较小的容差，有时候还是比较好用的，例如在图 8-36 所示的照片中，只需要选择魔棒工具后将容差设定得小一些（这里设定为 6），然后在背景位置单击，就会发现背景一下子被勾选了出来，建立了选区。（此处，之所以要勾选"连续"，是因为要避免将人物身体上与背景容差在 6 之内的部分也错误地选择进来。）

图 8-36

　　唯一不够精确的位置是在左胳膊上。此时，只要选择"多边形套索工具"，并在 Photoshop 界面的左上角设定"从选区减去"，就可以轻松地将选区内多选进来的衣物部分减去，之后再设定"添加到选区"，将胳膊内漏掉的区域添加进来，最终获得的相对完美的选区，如图 8-37 所示。

图 8-37

色彩范围：快速建立选区

色彩范围与魔棒工具的功能非常像，并且还具有比魔棒工具更强的可操作性，但这一命令并没有集成在 Photoshop 主界面左侧的工具栏里，而是在"选择"菜单当中，选择该命令打开"色彩范围"对话框即可使用。

在打开"色彩范围"对话框之后，用户可能会发现对话框中显示的预览图、工作区中显示的照片，都与如图 8-38 所示不一样。用户初次打开"色彩范围"对话框，可发现其中的预览图呈现灰度状态，而工作区的照片呈现的则是正常的彩色状态。色彩范围对话框中的预览图比较小，这样其实并不方便用户观察操作时的照片状态变化。如果将工作界面中较大的照片显示为灰度，就可以方便观察建立选区时的画面显示效果。（此外，还可将预览图设定为彩色。）要想这样显示，只要按照如图 8-38 所示标注的那样设定即可。

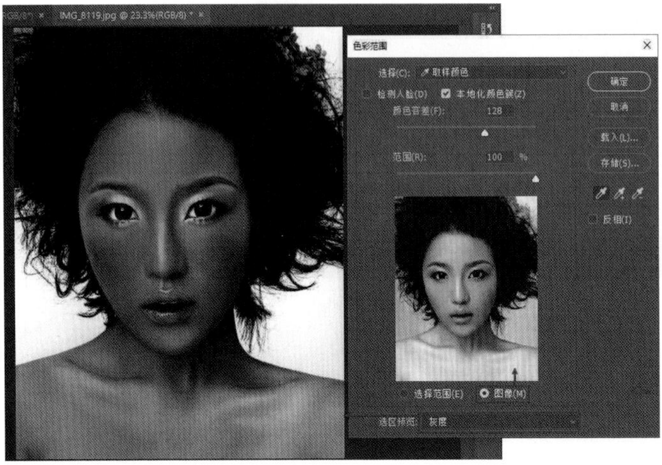

图 8-38

在打开"色彩范围"对话框后，鼠标指针会变为吸管状态。这时，在预览图或工作区中单击，单击位置的周边就会变为白色，而与该位置反差较大的区域则会变为灰色或黑色。其中，白色部分就是要建立选区的位置，如图 8-39 所示。这里笔者的目的是为除人物之外的部分建立选区，那就应该让人物部分变为纯黑色，而除人物之外的部分变为纯白色。现在的效果显然是不够理想的。

图 8-39

在色彩范围对话框中，对容差的设定是随时可调的，即是动态的。用户可以看到，如果在需要取色的部分单击，那么与此位置明暗相差不大的区域就会全呈现白色，表示这部分将被纳入选区。由于人物部分不够黑，因此可以尝试缩小容差，将人物部分彻底排除在选区之外。在本例中，笔者先缩小颜色的容差值，然后用鼠标在背景上单击后，可以看到鼠标单击位置的周边变为了纯白色，而人物大致变为了黑色，如图 8-40 所示。

图 8-40

此时还可以看到，人物的眼睛、肩部等一些位置其实并不够黑。另外，左上、左下和右上几个位置的背景也没有变黑。这些主要都是因为"范围"参数设定过大。接下来，笔者适当缩小范围值，最终确保除单击位置之外，其他区域尽都是黑色的，如图 8-41 所示。当然，其他位置也可能不是全黑的，但这不会影响大局。

需要注意的是，之前介绍的魔棒等选区工具，在设定容差以确定选区后，就无法再更改了。如果要更改容差，就必须将之前的选区取消，重新取色才可以实现，不是特别方便，但在"色彩范围"对话框中却可以随时修改选区。

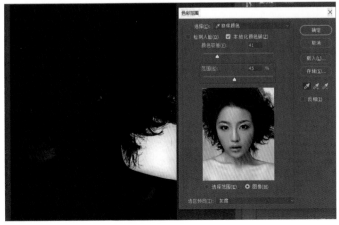

图 8-41

显然，在本例中需要选择的背景并不只有右下角这一个位置，还需要将左上、左下和右上方这几个位置的背景都纳入到选区中。这时，可以保持之前设定的参数（颜色容差值为41，范围设定45%，这样的参数组合能够获得较好的选区效果），然后选择带"+"的吸管（添加到取样），在其他的背景位置单击，将这些位置也添加到选区，如图8-42所示。

图 8-42

当建立好选区之后，在"色彩范围"对话框中单击"确定"按钮即可返回软件主界面。此时，会发现照片中的背景已经建立了选区，仅是针对背景的，而笔者需要的是为人物建立选区，因此在"选择"菜单中选择"反选"，即可将人物选择出来。

最后按 Ctrl+J 组合键，将选区内的部分抽取出来，以单独的图层存放。单击取消背景图层前面的小眼睛图标，隐藏背景图层，就可以看到抠取出来的人物图层了，如图8-43所示。在隐藏原背景后，此时的背景便是透明的，且以方格显示。

图 8-43

8.3 蒙版：也是选区

蒙版的概念与应用

利用选区，用户可以精确地选定某些景物进行调整，但也存在一些缺陷。比如，在删掉或擦除选区内的像素后，就彻底损失了这些像素，也就是说破坏了原片的完整性，无法再进行后续其他调整了。下面将介绍一种更好用的选区工具——"蒙版"。笔者通过一个具体的案例，来介绍蒙版工具的概念和使用技巧。

首先在 Photoshop 中打开两张照片，如图 8-44 所示。

图 8-44

按照之前介绍的选区相关知识，将湖面照片拖入到原片中，调整湖面照片的大小，以符合背景图层，然后继续拖动湖面照片，以便能与天空部分更好地吻合起来。接下来使用"矩形选框工具"为天空建立选区，并进行适当的羽化，最后再按Delete 键清除选区内的像素，这样就实现了两个图层的一种合成叠加。此时，工作区的照片和面板中的图层效果如图 8-45所示。

图 8-45

在收起的面板中打开"历史记录"面板，找到单击返回到建立选区之前的步骤（即回到了将湖面照片拖入到草原背景，并调整好了大小及位置，但尚未建立选区的状态），如图 8–46 所示。

图 8–46

在图层面板中，单击确保选中图层 1（即湖面照片），然后在图层面板的底部单击左侧第 3 个按钮"添加矢量蒙版"，为图层 1 添加一个蒙版，如图 8–47 所示。

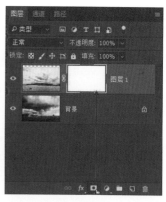

图 8–47

在工具栏中选择"渐变工具"，设定从黑色到透明的线性渐变，并设定不透明度为 100%，然后在照片中按住鼠标拖动，制作从上到下的渐变。此时，会发现照片画面和蒙版图标都发生了变化，如图 8–48 所示。这时的照片画面与图 8–45 基本上是一样的，即利用蒙版实现了选区的功能。

图 8-48

蒙版也是一种选区，能够实现选区的所有功能，甚至更加强大。蒙版是一种动态功能，完全不会让原片发生任何像素的损失和变化。用户只要按住 Shift 键单击蒙版图标，就会发现照片回到了没有添加蒙版的状态，如图 8-49 所示。观察图层面板中的图层缩略图，可以发现原片没有发生任何变化，也就是说，只是添加了一个蒙版，就会让照片发生如此大的变化。

图 8-49

从蒙版的效果来看，蒙版上黑色部分能够让图层变透明，露出下方的背景像素；白色部分起到遮挡的效果；介于黑白之间的灰色部分，则是半透明的。利用这点，只要使用"画笔工具"，将前景色设置为黑色或白色，单击选中蒙版图标后在照片上涂抹，就可以改变照片的选区效果。

例如，在单击确保选中了蒙版图标的前提下，选择"画笔工具"，设定前景色为白色，并适当降低不透明度，在照片中涂抹。此时，从蒙版图标上就可以看到，有些部分变为了半透明，即两个图层的混合效果，如图 8-50 所示。如果对涂抹的效果不满意，还可以在工具栏中切换前景色和背景色，将前景色设定为黑色，再进行涂抹，将灰色的部分涂黑，同时又将半透明的部分变为不透明。

图 8-50

换句话说，借助画笔工具，可以对蒙版选区进行随心所欲的修改，以实现多变的照片处理效果。

此外，用户还可以使用圆形渐变等工具，在照片中制作多次的渐变，这与画笔涂抹的效果是完全相同的，但只有设定为从黑色到透明的渐变时，如图 8-51 所示，才能在照片上制作多次渐变。

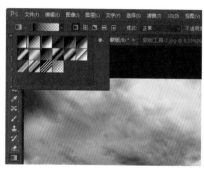

图 8-51

双击蒙版图标，可以打开蒙版的属性调整界面，如图 8-52 所示。在该界面中，可以调整各个蒙版选项，以实现不同的效果。其中，常用的蒙版调整功能主要有以下几种：

浓度： 调整浓度值即可改变黑色部分的浓度。特别是在降低时，可以让黑色变为灰色，相当于降低了不透明度，同时让背景也显示出来一些效果。

羽化： 可以让蒙版上黑白交界的部分过渡得更加平滑。

选择并遮住： 用于对黑白交界的部分进行调整。这是非常重要的一个功能，在本章最后将会详细介绍（在旧版本的 Photoshop 中，此处并没有该按钮，而是有一个边缘调整按钮；在新版本中，将边缘调整功能纳入到这个选择并遮住功能当中了）。

颜色范围：可以用来建立选区，之前笔者已经介绍过。

反相：能够让蒙版的黑色和白色部分反相过来，即黑色变为白色，白色变为黑色。

图 8-52

在后期修片时，蒙版这种选区功能非常强大，但并不能彻底替代选区，例如对于很多非常小的景物边缘部分，依然需要用选区工具来进行选择。虽然两者无法互相替代，但是可以结合起来使用。很多时候用户往往需要先用选区工具选择景物，然后再针对选区建立蒙版，进行后续调整。在本书后面的知识中，大多数的后期修片都是由图层、选区、蒙版结合起来共同实现的。

修片的"王道"

要想进行照片的合成，就需要将两张或多张照片叠放在一起，生成多个图层进行处理，但在大多数情况下，用户是对单一照片进行处理的。这时，只要按 Ctrl+J 组合键复制出一个完全相同的新图层，对新图层进行处理，再进行叠加就可以了。

如图 8-53 所示，针对这张照片，笔者想让荷花明亮、清晰，而周边环境暗一些。

图 8-53

　　在具体处理时, 按 Ctrl+J 组合键复制一个新图层, 并降低其亮度, 如图 8-54 所示。笔者先在 "曲线" 对话框中降低高光的亮度, 再在曲线中间适当降低中间调。这样做的好处是可以让新复制图层照片的亮度整体变暗。如果不降低高光的亮度而直接在曲线中间打点, 然后再向下拖动降低亮度, 就会提高照片的对比度, 让色彩饱和度变高, 以致压暗照片的效果不够自然。

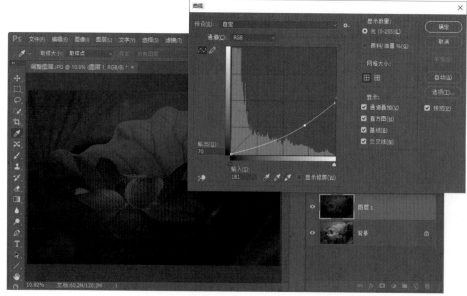

图 8-54

在曲线调整完毕后，单击"确定"按钮即可返回软件的主界面。此时，被降低了亮度的新复制图层将背景图层完全遮挡了起来。在工具栏中选择"橡皮擦工具"，然后在选项栏中适当增大画笔直径，并在新复制图层的荷花部分进行擦拭，将这部分像素擦掉，就会露出原片亮度较高的荷花部分，如图 8-55 所示，最后再拼合图层，将照片保存就可以了。

图 8-55

上述处理方法的问题是在擦掉新复制图层的像素后，即便擦拭效果不理想，也无法进行后续调整了。从这个角度来看，它的确是一种不够好的处理方法。

如果使用蒙版，就可以解决这个问题。打开"历史记录"面板，返回到橡皮擦擦拭之前的状态，选中新复制图层，创建一个蒙版，然后选择"画笔工具"，设置前景色为黑色，并设定合适的画笔直径，在照片上涂抹，这样也可以利用透明的黑色部分，让背景图层中较亮的荷花显示出来，如图 8-56 所示。

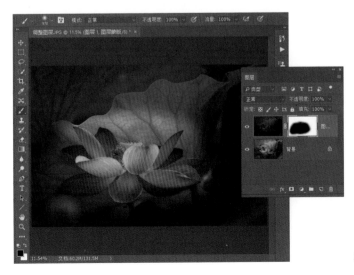

图 8-56

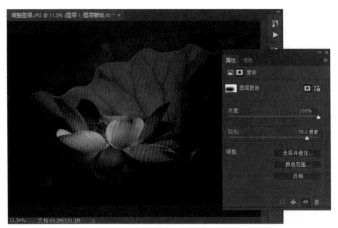

图 8-57

用橡皮擦擦出来的区域，其边缘部分的过渡肯定不会特别自然。这时，就可以体现蒙版的优势了。针对这种情况，双击蒙版图标，打开"蒙版属性调整"界面，增加羽化值，可以发现工作区中荷花边缘部分的过渡变得平滑、自然了，如图 8-57 所示。

待处理完毕后，在背景图层的空白处单击鼠标右键，然后在弹出的菜单中选择"拼合图像"，合并图层，最后保存照片就可以了。

实际上，用户可以简化这种图层 + 蒙版的修片方式：不必先复制图层，而是可以直接利用建立调整图层的方法来达到图层 + 蒙版的处理效果。

打开"历史记录"面板，返回到照片初次打开时的状态。在图层面板的下方，单击第 4 个按钮"创建新的填充或调整图层"，然后在打开的菜单中选择"曲线"，即可打开"曲线"调整框，如图 8-58 所示。此时可以看到，图层面板中背景图层没有发生任何变化，但添加了一个带有蒙版的新图层，相当于一个复制了图层 + 蒙版的效果，同时，还激活了要调整的功能，例如在本例中就激活了"曲线"调整功能，只需直接对曲线进行处理即可。

图 8-58

在"曲线"调整中，单击曲线右上角的锚点，并按住鼠标左键向下拖动，降低曲线最亮部的亮度，就可以得到照片变暗的画面。虽然变暗了，但照片的反差并没有增强——既不会增强饱和度，也不会增强对比度，故这也是影调控制常用的手法，接着，再适当降低中间调。这时可以看到，整张照片都变黑了，如图8-59所示，然后单击"曲线"调整右上方的关闭按钮，关闭该调整。

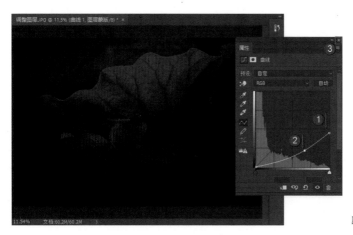

图8-59

此时，在工具栏中选择"渐变工具"，单击"设置前景色"色块，将前景色设置为黑色，背景色设置为白色。单击软件界面上方选项栏中的渐变条，弹出"渐变编辑器"对话框，选择"前景色到透明渐变"（只有选择这种渐变，才能在一张照片中多次制作渐变），接下来选择渐变的方式，在渐变工具的选项栏中为用户提供了多种渐变方式，这里使用第2种"径向渐变"（一种圆形渐变），然后在照片的荷花部分进行拖动，制作渐变。此时，可以发现背景的荷花被还原了出来。需要注意的是，一次的渐变效果往往不够理想，那就制作多个较小的渐变，最终的还原效果才会更好，如图8-60所示。

图8-60

此时可以看到，照片中同样存在明暗交界部分过渡不够平滑、自然的问题。这种问题的处理方法比较简单，只要双击蒙版图标，打开"蒙版属性调整"界面，增加羽化值，就可以让边缘过渡平滑起来，如图 8-61 所示。

最后，关闭"蒙版属性调整"界面，拼合图层，再将照片保存就可以了。

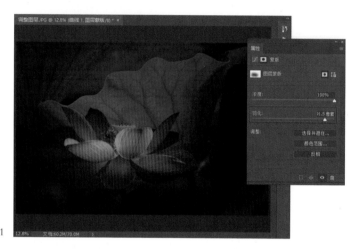

图 8-61

总结前面各种不同的处理思路，可以知道借助蒙版进行照片处理是最好的方式。如图 8-62 所示的两种蒙版使用方法是完全一样的，但如图 8-62 的左图先复制图层，再创建蒙版进行处理的方法还是会麻烦一些。最好的思路是如图 8-62 的右图，直接创建调整图层进行处理，这样操作更加简单、直接，并且不会破坏原片。如果要对照修片前后的效果，只要隐藏或显示曲线调整图层前面的小眼睛就可以了。

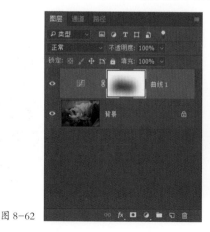

图 8-62

其实，针对本照片的处理，还有一种更简单的方法：当打开原片后，用"套索工具"将荷花勾选出来（不用太精确，只要随便勾画即可），然后创建曲线调整图层，在打开的"曲线"界面中降低照片亮度，最后反相、羽化蒙版，就可以快速达到最终的调整效果。

8.4 通道：还是选区

理解并掌握通道

在 Photoshop 等后期软件中，常使用三原色进行色彩的计算和混合显示。打开一张照片，在图层面板标签的右侧是通道标签。所谓"通道"就是 Photoshop 软件用来记录色彩的工具，所以也经常被称为色彩通道。用户在 Photoshop 中打开色轮的照片，切换到"通道"标签，如图 8-63 所示。

解读色轮图与各通道，可以看到在一张普通的照片中，有 4 个通道，分别为 RGB 通道、红通道、绿通道和蓝通道。其中，RGB 为混合色通道，就是三原色经过混合后呈现出的照片最终色彩效果；其他 3 个通道则是单色通道。对比红通道的缩略图与工作区中的原片可以发现，图片中的红色区域在缩略图中是呈现浅色的，纯粹的红色为纯白色，而黄色、粉红色这类含有一定比例红色的色彩，则是呈现出灰色。换句话说，红色比例越高的区域，白色的程度越高；红色比例越低的区域，在红通道中越黑；到了青色区域，已经是纯黑色了。同样地，绿色和蓝色通道也是如此。另外，黑色的背景部分，在通道中也是呈现黑色显示的。

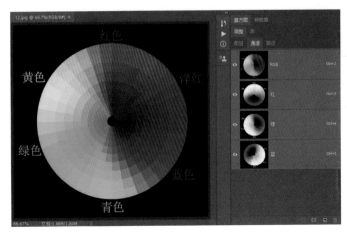

图 8-63

通道在数码后期当中，主要有两方面的应用：其一是对不同通道的色彩进行调整，这一点在前面的第4章中已经介绍过了；其二是用于建立选区，以做抠图等进一步处理。打开如图8-64所示的照片，切换到红色通道，可以发现照片中红色系，以及一些包含红色的像素都亮显了出来。此时，单击"将通道作为选区载入"图标，就可以为这些亮显的像素建立选区，之后，再将RGB复合通道显示出来，就返回了照片正常显示的状态。

与用选区工具直接在照片上根据实际景物建立选区不同，利用通道建立选区，类似于"色彩范围"选区的建立方法——通过查找照片中相似的色彩，将包含这些色彩的像素都选择出来。

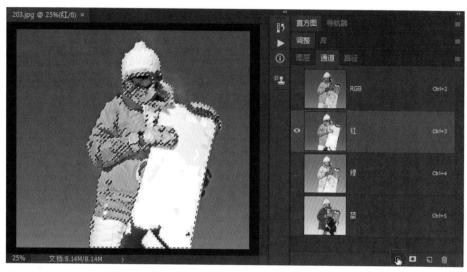

图 8-64

通道与选区实战

此外，利用通道对色彩的表现能力还可以建立选区。打开如图8-65所示的照片，可以发现背景不够漂亮。笔者的计划是为人物建立选区，将人物抠取出来。在尝试使用快速选择、魔棒、色彩范围等工具后，会发现根本无法为人物的头发丝部位建立相对准确的选区。如果使用多边形套索工具来进行精确勾选，工作量又太大了，可能会花费几个小时才能把人物的头发丝都抠取出来。针对这种情况，使用通道工具就容易了许多。直接从"图层"面板切换到"通道"界面。

188

图 8-65

切换到通道选项卡，分别单击红色、绿色、蓝色通道，观察照片的变化情况，最终确定停留在人物与背景反差最大的绿色通道上，如图 8-66 所示。在绿色通道上单击鼠标右键，然后在弹出的菜单中选择"复制通道"选项，复制出一个名为"绿拷贝"的通道，同时单击其他通道前面的小眼睛图标，隐藏其他所有的通道，确保只选中"绿拷贝"通道。之所以要复制这样一个通道出来，是因为下一步的编辑将会在这个复制的通道上进行。如果针对原来的绿色通道进行操作，就会改变原片。

图 8-66

打开"曲线"对话框，选择"目标选择和调整工具"，强化人物头发部位与背景的明暗反差度。这种反差越大越好，最好是调整为彻底的黑白对比，但要注意，必须确保头发的末梢部位不能变为死白一片，而是应该保持发丝的纹理结构。调整后的效果如图 8-67 所示，然后单击"确定"按钮返回。

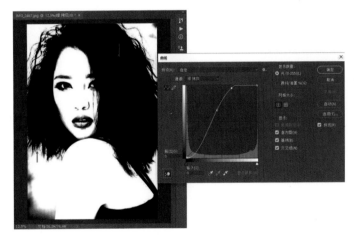

图 8-67

此时，画面的黑白选区仍然非常混乱，笔者的目的是让背景全部呈现白色，而人物全部呈现黑色，然后在白色的背景部分建立选区。接下来，使用"画笔工具"，设置前景色为黑色，将人物部分彻底涂黑，然后再设置前景色为白色，将背景部分彻底涂成白色，最后单击面板底部的第 1 个按钮"将通道作为选区载入"，即可为白色部分建立选区。最终的效果如图 8-68 所示。

在本例中，人物左下和右下的皮肤部分也变为了纯白色，看不出边缘，因此无法涂抹为黑色，所以暂时先不要处理人物。

单击选中"RGB 混合图层",然后切换回"图层"选项卡。此时,在工作区中就可以发现选区已经建立完成了,但还存在一些问题,如在人物背部、胳膊等部位并没有准确地建立选区,如图 8-69 所示。

图 8-68

图 8-69

图 8-70

这时,可以结合着"多边形套索工具""快速选择工具",再设定"从选区减去",将多勾选进来的人物背部及胳膊从选区中去掉(因为在复制的绿色通道中,背景被调整为了白色,所以选区就是为白色的背景建立的),如图 8-70 所示。

在原片中,选区是背景的选区。如果要为人物建立选区,就应该在"选择"菜单中执行"反向"菜单命令,或者是按 Ctrl+Shift+I 组合键直接反向选择。这样就将选区由背景变为人物了,然后按 Ctrl+J 组合键,为选区内的人物复制一个图层出来。此时,可以发现新生成的图层即为抠取出的人物,如图 8-71 所示。(单击背景图层前的小眼睛图标,隐藏该图层,可以观察到人物抠取出来后的效果。)

通道抠图是一种令人又爱又恨的功能。利用这种功能可以非常快速、准确地将人物或其他主体从背景中抠取出来,实现其他一些选区工具无法实现的功能,或是在很短的时间里,替代其他选区工具完成看似工作量非常大的操作,为进一步的后期处理或合成做好准备。不过,与此同时,在利用通道建立选区进行抠图时,有一个非常重要的前提条件,那就是头发丝部位所在的背景部分色彩要简单一些。这样就可以轻松地找到某个通道,让头发丝部位的背景呈现白色,从而就很容易建立选区了。如果头发丝后的背景色彩非常杂乱,那么就无法使用该功能了。

在通常情况下,一些工作室当拍摄室内人像时,经常会选择一些干净的纯色背景,其目的就是为了方便将人物抠取出来后，再进行背景的更换或是场景的处理。

图 8-71

如果要保留抠图后的效果，就可以删除背景图层，如图 8-72 所示，最后再将照片存储为能够保存图层信息的 PSD、TIFF 或是 PNG 格式。这样当下次再打开照片时，人物仍然是抠取出来的状态。

图 8-72

第 09 章　明暗与调色实战

　　梳理一下前面介绍过的影调与调色知识。我们的学习过程是这样的：掌握基本的明暗及色彩后期原理之后，我们学习了多种不同调色工具的使用技巧；接着我们学习了图层、蒙版等重要的后期技巧。这样就为富有创意的、高难度的后期影调优化和调色打好了基础。

9.1　照片这样变通透

裁掉空白像素，让照片变通透：鬼斧神工

　　为避免拍摄的照片高光和暗部溢出，相机总会设定适当提亮暗部并压暗亮部。在面对大光比、高反差的场景时，这样能确保照片留有较多的细节层次，但在拍摄一些反差并不特别夸张的场景时，照片就会显得灰蒙蒙的。下面通过具体的案例，来介绍让这类照片变通透的技巧。

　　打开下面这张照片，可以看到暗部不够黑，而亮部又不够白，也就是说，照片的像素过度集中于中间调区域，这样整体就会显得层次不清、灰暗模糊，让人感觉难受。观察Photoshop主界面右上角的明度直方图，可以看到暗部和高光部分都缺乏像素，这是缺失，而不是溢出，如图9-1所示。

图 9-1

　　曲线是 Photoshop 中最强大的影调和色彩调整工具，在通常情况下的数码照片后期处理，都是以曲线为主要工具进行调整的。接下来的讲解，笔者也将以曲线调整为例进行操作。

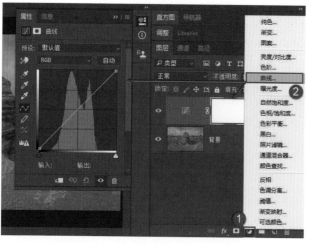

图 9-2

　　在 Photoshop 主界面右下角的图层面板底部，单击第 4 个图标"创建新的填充或调整图层"，在弹出的菜单中选择"曲线"菜单项，创建曲线调整，如图9-2所示。创建曲线调整后，有两个明显的特征：在图层面板中产生了曲线调整图层；在 Photoshop 主界面中打开了曲线调整面板。

194

从曲线对话框中间的直方图上可以看到，左侧和右侧都缺乏像素。针对这种情况，只要将黑色滑块和白色滑块分别向内拖动到有像素的位置，就可以完成初步优化。

用鼠标按住曲线左下角的锚点，向右侧拖动到有像素的位置，然后再按住右上角的锚点，向左拖动到有像素的位置。此时，照片的明暗影调明显变好了很多，如图9-3所示，可以看到，拖动左下角和右上角的锚点后，下面对应的黑色和白色滑块都相应地发生了位置变化。

图9-3

以上只是初步完成了照片影调的调整，对于一幅摄影作品来说显然是不够的。用户还要根据自己的构图常识和审美感觉，对照片中一些局部进行适当的修饰。观察调整后的照片可以看到，如果将中景深灰色的沙地亮度压低，就更有利于突出中间的主体景物，也就是说，在处理掉照片的"硬伤"（如曝光不合理的地方）后，就要对一些局部进行创意性的优化和调整了。

在曲线对话框的左下角单击选中"小手"（目标选择和调整工具）图标，然后将鼠标指针移动到照片中景的深灰色沙地上，向下拖动来降低这个位置的亮度。此时，会发现在曲线上生成了对应位置的锚点，且锚点处的曲线还发生了向下的移动——对目标位置进行了压暗处理。需要注意的是，在压暗沙地后，主体沙丘也会变暗，因此应该将鼠标指针放在沙丘上按住向上拖动一些，以恢复主体景物的亮度。操作过程及结果如图9-4所示。

图9-4

最后，确保仍然选中"小手"图标，将鼠标指针移动到天空位置，按住并适当向上拖动，轻微提亮，以让天空稍稍亮一些，这样画面的影调会更自然一些，如图9-5所示。此时，照片就调整到位了。

图 9-5

小提示

需要注意的是，位于中间两个锚点之间的曲线过渡要平滑，如果调整幅度太大而造成曲线斜率过大，画面会变得不够自然。

在对照片进行过曲线调整之后，使用鼠标按住曲线调整面板的标题栏，将其拖动到一边，不要遮挡 Photoshop 主界面右上角的直方图。这时，观察明度直方图的效果，确保不要产生高光和暗部的溢出，整体分布显得合理起来，如图9-6所示。

图 9-6

如果直方图已经比较合理，观察照片效果，发现明暗影调层次也变得非常漂亮了，就可以合并图层了，再将照片保存。照片调整前后的效果对比如图9-7所示。

此时，在主界面中，照片变为了黑白状态，然后在图层面板的顶部将图层混合模式改为"明度"，照片就会变回彩色状态。

在图层混合模式列表中，有27种不同的混合模式。其中，"明度"的意义是，用混色图层（当前图层）的亮度值去替换下层图像的亮度值，而色相与饱和度都不变。当前带有蒙版的图层，是笔者对照片进行过渐变映射优化的图层，明暗分布更为合理；改为明度混合后，就用调整后的图层亮度替换了原片的亮度，但色彩保持不变，如图9-16所示。

图 9-16

将图层混合模式改为"明度"后，照片的明暗得到了初步优化，灰雾度有所减轻，变得通透了一些，但仍然不够理想，可以进一步优化。

在创建的"渐变映射"调整图层中双击"渐变映射"图标，会再次打开"渐变映射"调整面板；单击渐变条，会再次进入"渐变编辑器"对话框，如图9-17所示。

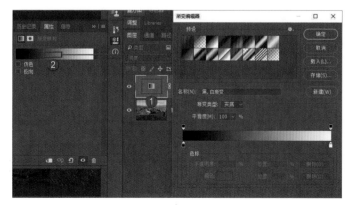

图 9-17

图 9-18

在"渐变编辑器"对话框中，可以调整下面的黑白渐变条。如果向内侧拖动渐变条的黑色和白色滑块，就可以进一步强化对比效果——裁掉了缺乏像素的暗部和高光部分，强化了照片反差。相关原理在明暗影调基础的讲解部分笔者已经介绍过了。拖动中间的灰调滑块，则可以增强照片中间调的对比度。要注意，拖动滑块的幅度不宜过大，否则会造成高光和暗部的像素损失，如图 9-18 所示。

这样，照片就调整完毕了，先拼合图层再保存照片就可以了。照片调整前后的效果对比如图 9-19 所示，可以看到，处理后的照片明显通透了很多。

原片

调整后的照片效果

图 9-19

9.2　大片的节奏：影调优化

控制照片影调，突出主体：非洲掠影

在一般情况下，摄影作品都要突出主体的形象。只有提亮主体而压暗周边环境和背景，才可以很好地达到这一目的。如果主体受光而环境背光，那么只要采用点测光的方式对主体进行测光就可以轻松实现。不过，在很多时候主体因为所处环境及自身问题，无法得到很好的突出，反而让环境元素分散了注意力。

打开如图 9-20 所示的照片，可以看到人物的肤色很暗，面部稍有些背光，但周边的窗板和墙体却过于明亮。这种问题在拍摄时是无法解决的，需要在后期软件中提亮主体人物的肤色，压暗周边环境因素，从而让人物变得突出。

笔者要做的是让原本偏暗的人物肤色亮一些，同时再让原本偏亮的窗板和墙体变暗一些。如果用曲线或是其他手段，无法很好地在压暗环境景物的同时保留其表面的纹理细节，而使用"阴影 / 高光"调整则可以实现。

在"图像"菜单中选择"调整"菜单项，然后在打开的子菜单中选择"阴影 / 高光"菜单，打开"阴影 / 高光"对话框。在该对话框中，提亮阴影，降低高光，同时还要调整色调和半径值，这样才不会让调整后的效果失真。

图 9-20

"阴影 / 高光"命令默认的是提高颜色饱和度，这会让色彩变得过于浓郁，不利于表现景物表面的细节层次，因此要降低颜色的饱和度，参数设定与画面效果如图 9-21 所示。此时的照片效果应该是尽量呈现出较多的细节，不要出现严重失真的情况。至于照片是否好看，则没有很高要求。

图 9-21

小提示

在第 1 次打开"阴影 / 高光"对话框时，应勾选底部的"显示更多选项"复选框，以便显示更多的选项来扩展阴影 / 高光的命令面板。以后再打开该对话框时，显示的就是完整的选项界面了。

在进行"阴影／高光"调整后，影调只是有了初步的变化，但人物与环境的明暗过于相近，以致人物没有从场景中"跳"出来，也就是说，此时的影调并不是非常到位的，需要进行更深层次的优化，即要继续压暗环境元素。

这时需要创建曲线调整，如图9-22所示。如果从曲线中间建立锚点并向下拖动，就会引起照片对比度的较大变化，无法压暗高光，所以要向下拖动曲线最右端的锚点，整体压暗照片，即便是高光也会变暗。与此同时，还应在曲线中间轻微向下拖动，加强对比，让照片效果自然一点，最后，单击曲线调整面板右上角的"收起"按钮，收起面板。

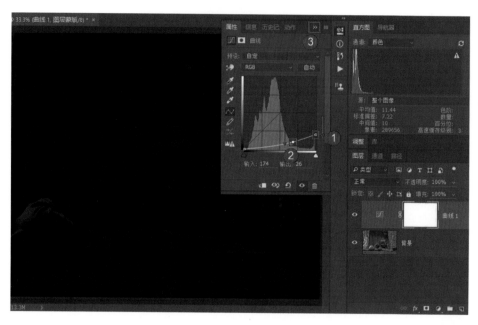

图 9-22

待照片整体压暗之后，再进行以下操作：① 单击确保选中"图层"面板中的"蒙版"图标；② 在 Photoshop 左侧工具栏中选择"渐变工具"；③ 将前景色设为黑色，背景色设为白色，这表示后续使用的渐变是从纯黑色到纯白色的；④ 在软件主界面顶部的选项栏中，选择渐变的变化为"从黑色到透明"，只有这样设定才可以在照片中多次拖动渐变；⑤ 设定渐变样式为"圆形渐变"；⑥ 适当降低渐变的不透明度，如果为100%，那么制作渐变的效果就会太硬，不够自然；⑦ 仿色和透明区域保持默认的选中即可；⑧ 最后在人物的肤色部分拖动渐变（注意，在拖动肤色的渐变时幅度要小一些，避免将周围环境的亮度也还原出来），这样就可以还原出原本较亮的人物肤色了。

操作步骤、参数调整和照片效果如图9-23所示。

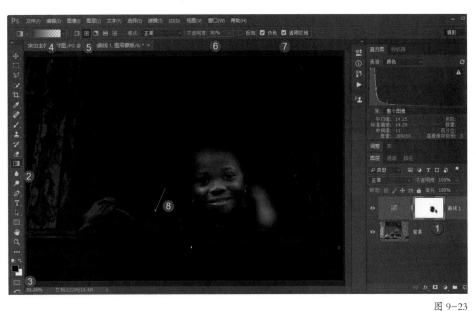

图 9-23

将照片中人物的肤色都还原出来后，在 Photoshop 主界面右下角的图层面板中可以看到蒙版中的渐变还原区域，如图 9-24 所示。

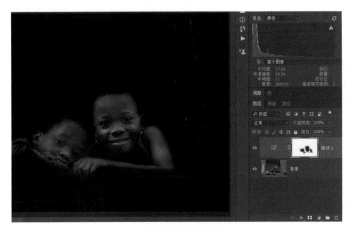

图 9-24

此时，人物的肤色还原了出来，但头发、衣物等还是太暗，与人物肤色的过渡出现了断层，不够自然，因此，可以降低不透明度，再在头发与衣物部分拖动，制作渐变，将这些部分还原出来，如图 9-25 所示。

笔者用 90% 左右的不透明度来还原人物的肤色，还原程度较高，而用 40% 左右的不透明度来还原头发和衣物，还原程度就低了很多。这样可以确保肤色最亮，而头发和衣物稍微暗一点，形成了比较平滑、合理的过渡。

图 9-25

接下来，继续降低不透明度至 20% 左右，在背景部分进行拖动渐变。需要注意的是，拖动的幅度要大一些，以将背景还原出来一点，避免人物与背景部分的明暗反差过大，不够自然。这样，就形成了人物肤色的亮度还原最高、头发与衣物还原次之、背景再次之的平滑过渡，从而实现了背景的压暗和主体人物的凸显。

这种还原，无论在制作渐变时多么小心，总会有不够精确的地方，造成人物与背景的过渡部分出现了白边，即将边缘部分的背景也还原了出来。这时不要担心，只要将前景色换为白色，背景色换为黑色，然后在边缘部分轻轻拖动，将这些白边遮盖，让过渡平滑起来就可以了，如图 9-26所示。

图 9-26

此时，单击确保选中图层蒙版，双击蒙版，弹出属性调整面板，适当提高羽化值，羽化渐变，让调整效果更加自然，如图 9-27 所示。

图 9-27

至此，照片主要的调整就完成了，但观察可以发现，照片整体偏暗一些，对比度稍低，因此，可以再创建一个曲线调整，裁掉缺乏高光的空白部分，然后再适当降低中间调，这样照片的明暗影调层次就得到了很好的优化。此时，在 Photoshop 主界面右上角的明度直方图中可以看到，高光部分虽然少，但毕竟有了像素，如图 9-28 所示。

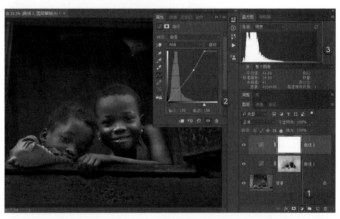

图 9-28

如果提高照片的影调对比，那么该照片的色彩饱和度就会自然变高，因此依然需要通过单击"创建新的填充或调整图层"按钮，进行色相/饱和度调整，适当降低照片的色彩饱和度，如图 9-29 所示。

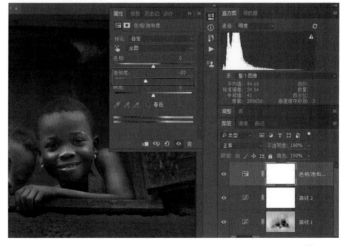

图 9-29

接下来，创建一个渐变映射调整图层，并将该图层的混合模式设定为明度，让照片变得通透一些。这样，照片基本上就处理完毕了。图层面板中的图层分布及照片效果如图 9-30 所示。

图 9-30

最后，拼合所有图层，将照片保存即可。照片处理前后的效果对比如图 9-31 所示。

原片

调整后的照片效果

图 9-31

回顾本案例的制作过程：首先将主体提亮，然后再将过亮的环境适当压暗，但此时照片的层次不够分明，接下来就利用曲线调整图层整体压暗照片，最后利用渐变工具将主体部分还原出来。

在一般情况下，当需要突出主体时，可以采用上述的思路和技巧来处理。当然，如果环境景物的亮度并没有那么高，就可以省略开始的"阴影／高光"调整步骤了。

高调摄影作品：花丛美女

　　针对一些光照较强、阴影偏少的摄影作品，可制作为高调效果，这样画面会更有吸引力。高调摄影作品的影调以浅色系为主，主要是由白色、浅灰色等色彩构成，少量深色调的色彩只作为很小的点缀来丰富照片的层次。

　　在一般情况下，用户很难直接拍摄出非常完美的高调摄影作品，往往都需要在后期对照片的影调进行提亮处理，以强化高调效果。另外一些时候，照片中可能会存在许多不够亮的元素，如深色调的背景、人物肤色、衣物等。这时，如果要制作高调效果，就要在后期软件中进行较大幅度的调整。通常人像、人文类题材的照片更适合制作高调效果。

　　下面通过对一张美女人像照片的处理，来介绍高调摄影作品的制作思路和技巧。打开如图 9-32 所示的照片，可以看到，照片背景中杂色太多，且人物的面部不够亮，所以看起来不够漂亮。如果能适当提亮人物的面部、消除面部阴影，同时再提亮并匀化背景的色调，那么画面就会达到一种高调效果，变得好看起来。

图 9-32

　　在改变照片的影调之前，应该先将人物面部的瑕疵修复干净。放大人物的面部，在工具栏中选择"污点修复画笔工具"，且设置较小的画笔直径，以正好能套住一些瑕疵为准，然后将鼠标指针放到这些瑕疵上单击，就可以修复它们了，如图 9-33 所示。

图 9-33

接下来创建曲线调整图层，选中"目标选择与调整工具"，在人物头发与面部结合的部位，以及人物面部背光的阴影部分向上拖动，适当提亮。人物胳膊受光线直射的位置亮度过高，应该适当向下拖动，降低亮度。此时的曲线及照片效果如图9-34所示。

经过对上述多个位置的修饰，可以发现人物的肤色变得白皙、平滑了很多。

小提示

要注意，在使用"目标选择与调整工具"对人物的肤色进行调整时，曲线的平滑度要高，否则就会失真。

图 9-34

再创建一个曲线调整图层，按住曲线左下角的锚点向上拖动，将暗部提亮，消除照片中的阴影。需要注意的是，这里不能直接在曲线中间创建锚点并向上拖动，因为那样做会让照片的对比度发生较大变化。此时的曲线形状及照片效果如图9-35所示。

图 9-35

经过上述操作，背景、人物肤色及衣物都被提亮了，并且变得雾蒙蒙的。这显然不是用户想要的结果。①单击选中"蒙版"图层；②选择"渐变工具"；③设定前景色为黑色、背景色为白色；④渐变方式为从"纯黑到透明"；⑤设定渐变样式为"圆形渐变"；⑥稍稍降低不透明度；⑦在人物皮肤部分制作很短的渐变，将人物面部尽量还原出来。

此处设定了70%的不透明度，并没有彻底还原原片中人物面部的亮度，而是比原始肤色亮一些，更加白皙一些，如图9-36所示。

图 9-36

处理到这里，可以看出，从肤色到衣物和头发的过渡有些不够平滑。再次降低不透明度，在人物的头发和衣物部分制作小的渐变，将这两部分也还原出来一些，这样就平滑、自然了起来，如图9-37所示。

图 9-37

第 9 章　明暗与调色实战

此时，照片中背景部分的亮度还是有些高了，因此再次降低不透明度，对背景部分制作渐变。然而，较低不透明度的还原能力有限，从整体上看，杂乱的背景还是被遮盖掉一部分。为此，在制作渐变时，拖动的幅度要大一些，这样才可以擦拭得更均匀，如图 9-38 所示。

图 9-38

这样照片整体就变得非常漂亮了，但仍然存在一些问题。仔细观察画面可以发现，照片的色彩还是过于浓郁，最好再适当降低一下饱和度。如果全图都降低饱和度，效果可能就会显得不太自然，因为人物要和背景同等幅度降低饱和度，效果未必会好，这里可以用选区勾勒出色彩浓重的桃花部分，利用选区的羽化性，辐射到中间的人物部分。在调整时，桃花部分的饱和度降低幅度较大，而人物部分则仅轻微降低饱和度，最终的处理效果会自然很多。

虽然可以用套索工具，设定较高的羽化值来勾选人物，但那样还是太复杂了。实际上，可以使用鼠标右键单击第 2 个曲线调整图层的蒙版图标，在弹出的快捷菜单中选择"添加蒙版到选区"菜单项，给除人物之外、渐变较轻的区域建立选区，如图 9-39 所示。

在上面制作渐变的步骤中，渐变比较轻的区域都会被选区包含进去。此时，选区的羽化度是非常高的。

图 9-39

针对建立的选区，创建色相 / 饱和度调整图层，降低饱和度，并提高明度，这样背景中桃花的粉红就会变淡、变亮，而选区较大的羽化值则会让中间的主体人物也受到轻微的影响，如图 9-40 所示。

理想的高调摄影作品，虽然直方图是右坡型的，但高光最好不要溢出。注意观察 Photoshop 主界面右上角的明度直方图，要确保直方图右侧不要有大量的像素触及右侧边线，否则就会出现死白的区域了。

图 9-40

至此，照片的处理就完成了。照片调整前后的效果对比如图 9-41 所示，可以看到，调整后的照片画面变得简洁、干净、漂亮，而人物的肤色则显得白皙。

原片

调整后的照片效果

图 9-41

低调摄影作品：童年

与高调摄影作品相反，低调摄影作品是指以深色甚至是黑色为主的景物来构筑照片的内容。具体而言，就是深色系几乎占据画面的全部区域，而浅色调的白色及其他高明度的色彩仅作为点缀出现，最终照片的明暗影调层次非常低沉，浅色调的区域往往是主体或视觉中心。

在低调摄影作品当中，主体景物或是对焦点所在的视觉中心位置，往往是被光线照亮的部分，这样可以为画面形成一种强烈的影调对比，用深色衬托浅色，表现一种非常复杂的情绪。

无论是低调风光还是人像，都能让画面表现出强烈的形式感或艺术气息，情绪感召力很强。

下面依然通过一张照片的低调化处理为例，来介绍对照片进行低调处理的思路和技巧。

打开原片，可以看到画面整体的色调及影调都比较暗，但右上方比较杂乱，如果是低调照片，那么右侧应该暗一些、干净一些。创建曲线调

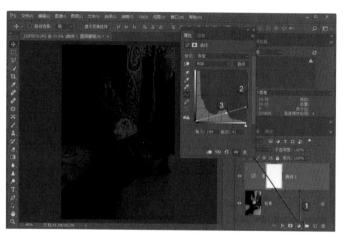

图 9-42

整图层，选中右上方的锚点，然后将其向下拖动，幅度要稍大一些，接着在曲线中间创建锚点，稍稍向下拖动。幅度不要太大。此时的曲线形状及照片效果如图 9-42 所示。

照片整体被压暗后，四周比较符合要求，但人物太暗，要将人物还原出来。在工具栏中选择"渐变工具"，设定前景色为黑色，背景色为白色，设定从"黑色到透明"的渐变方式，渐变样式为"圆形渐变"，再设定 90% 的不透明度，然后使用鼠标在人物面部及其他露出皮肤的部分拖动制作渐变，将露出肤色部分的亮度还原出来，操作过程及照片效果如图 9-43 所示。

图 9-43

将不透明度降低一半左右，再在人物的衣服和头发部分制作渐变，将明暗还原出来，如图9-44所示。之所以有不透明度的差别，是因为得到了肤色部分更明亮而衣服稍暗的效果，这样的影调比较自然。

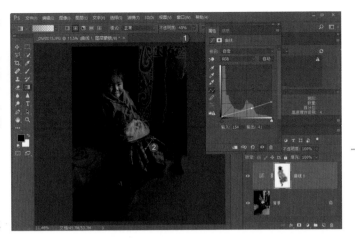

图 9-44

有时，渐变的制作可能会不够精确，比如将除人物之外的背景部分也还原得较亮。其实，这没有关系，只要选择"画笔工具"，设定前景色为白色，并设定合适的画笔大小，在发亮的边缘擦拭，接着将这些边缘压暗即可，如图9-45所示。

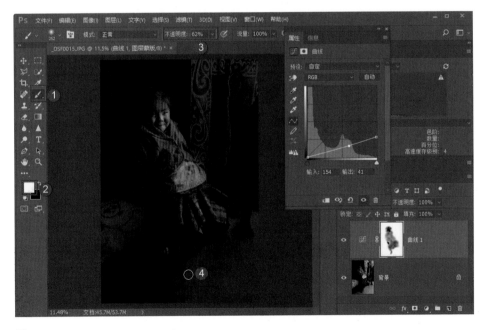

图 9-45

对于这种纪实人像题材，饱和度一般不要设定得过高，较低的饱和度有利于突出人物形象。笔者创建了一个色相/饱和度调整图层，主要是想降低人物粉色衣服的饱和度，因此在通道里选择洋红，然后再降低饱和度，此时的调整界面及画面效果如图9-46所示。

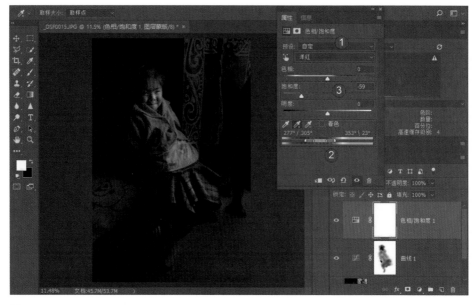

图 9-46

观察照片画面，可以看到四周仍然太亮，显得杂乱，因此，再次创建一个曲线调整图层，降低画面的整体明暗，如图 9-47 所示。

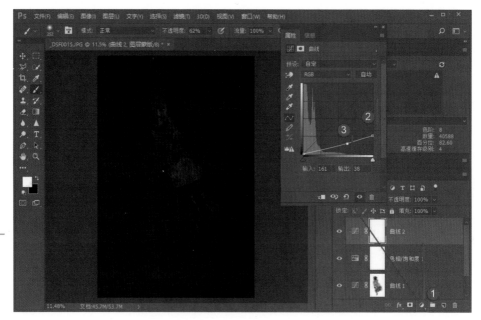

图 9-47

按照之前的操作，在人物的面部及手部皮肤部分制作渐变，将这两部分的亮度还
原出来，如图 9-48 所示。

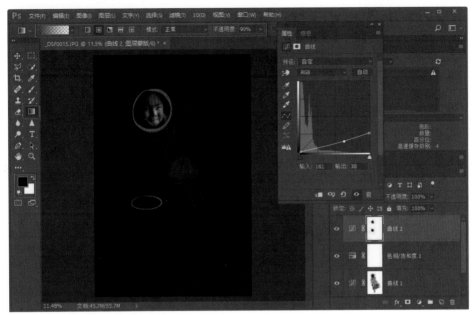

图 9-48

将渐变的不透明度降低一半左右，再利用渐变工具把人物的头发、衣服等部分的
亮度还原出来，如图 9-49 所示。

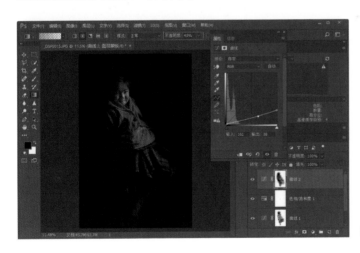

图 9-49

此时可以看到，人物自身的明暗合理，但四周又太暗了，
几乎损失了所有的影调细节，因此，可以对四周进行极轻微的
还原——只要将不透明度设定在 20% 以下，然后在人物四周
制作较大的渐变，将四周还原出一些亮度轮廓，保留一定的环
境感即可，如图 9-50 所示。

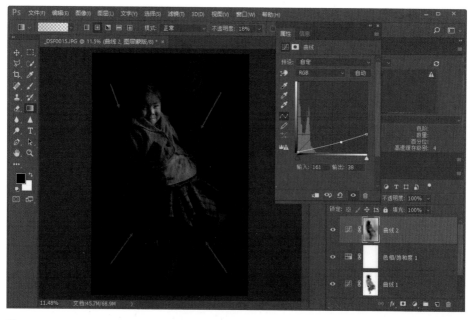

图 9-50

在制作渐变时，有些渐变区域之间存在空白区，这就会造成画面整体亮度分布不匀，有些地方亮，有些地方暗。要解决这个问题，只要双击蒙版图标，在弹出的界面中适当提高蒙版的羽化值，就可以让影调的过渡平滑起来，如图 9-51 所示。

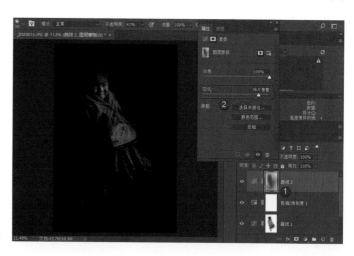

图 9-51

此时，检查照片可以看到，亮部的空白区域过大，画面显得不够通透。这就需要创建一个色阶调整图层，适当裁掉一些亮部的空白部分，让照片变得通透一些。当调整时要注意，在这种低调的照片中，只要确保照片中最亮的像素在 230 左右即可，如图 9-52 所示。

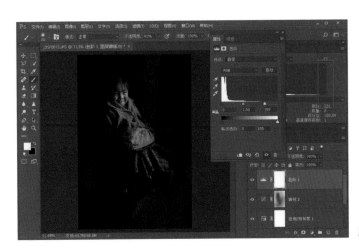

图 9-52

最后，拼合图层，再将照片保存就可以了。照片处理前
后的效果对比如图 9-53 所示。

原片

调整后的照片效果

图 9-53

9.3　漂亮色调的秘密

　　如果照片的色彩不正，可以通过笔者介绍过的Photoshop多种调色功能校准。另外，在一些情况下，虽然照片的色彩还原准确，但在氛围的营造和对主题的烘托方面会有所欠缺。这时，就需要摄影师对照片进行创意性的调色处理了。

　　下面将详细介绍对那些色彩准确但效果欠佳的照片进行调色的思路和实战技巧，尤其是将介绍利用曲线进行调色的一般思路，并结合实际的案例进行讲解，以帮助用户全方位掌握调色的创意和技巧。

暖色调：冬日暖阳

　　暖色调摄影作品是指色轮上半部分以红色、橙色、黄色、洋红色等颜色为主的照片。这类作品容易表现出浓郁、真挚、深厚的情感。早晚两个时间段的太阳光线属于典型的暖色调。这时拍摄的照片（不包括正常的人像写真题材）如果为正常色，那么可能就会欠缺一些表现力，而当渲染为暖色调后，照片的效果反而会更理想。

　　如图9-54所示的这张照片，太阳光线就属于暖色调，河上蒸腾的水汽在光线的照射下稍稍显得偏暖，但效果不够明显。此外，画面还有些偏洋红色，太粉嫩了。如果渲染为更浓郁的红黄色调，意境就会变得与众不同起来。

图9-54

　　在Photoshop的后期调色当中，曲线是最准确、最好用的工具。单击图层面板底部的第4个图标按钮，在弹出的菜单中选择"曲线"，创建曲线调整图层。此时，曲线调整面板也会打开。将鼠标指针放到面板的标题栏上，可以改变曲线调整面板的位置。这里笔者将其拖放到了一个不影响观察照片效果的位置，如图9-55所示。

图 9-55

暖色调以红色、橙色、黄色、洋红色等色系为主，在曲线调整中应首先切换到红色通道。根据实际情况，照片中亮部的暖色调应更浓郁一些，而如果暗部的暖色调过于浓郁就会失真，因此，需要提高亮部区域的红色比例，而对于暗部则不能提得过重，要适当追回来一些，如图 9-56 所示。

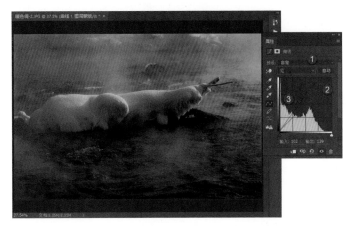

图 9-56

此时的照片显示出偏浓重的洋红色，原因是蓝色太重了。这就需要切换到蓝色通道，降低蓝色曲线的高光部分，然后在曲线中间打点，并轻微向下拖动，以让效果变得自然一些，如图 9-57 所示。

小提示

降低蓝色就相当于提高黄色的比例。根据实际情况，仍然是高光部分的黄色比例最重，因此，对于高光部分蓝色比例的降低幅度最大。

图 9-57

绿色曲线比较特殊，在一般情况下，调整幅度不能太大，轻微的调整就会对照片效果产生非常大的影响。其作用是让暖色调的效果是更偏洋红色一些，还是更偏黄色一些。选择绿色通道，适当降低高光部分的绿色比例，让暖色调中融入一些洋红色的成分，然后将暗部恢复到标准水平。此时的曲线形状及照片效果如图 9-58 所示。

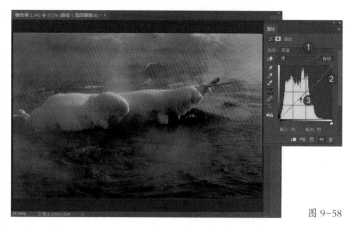

图 9-58

对 3 个原色通道都调整完毕后，返回到 RGB 复合通道。在复合通道曲线上提亮照片的亮部，恢复一些暗部，让照片整体变亮，但反差却不会有太大的变化。最终，1 个 RGB 复合通道加上红色、绿色、蓝色这 3 个单色通道，总共 4 个通道的曲线形状及照片效果如图 9-59 所示。

图 9-59

至此，照片的调色部分就完成了。接下来，在图层面板中背景图层的空白处单击鼠标右键，然后在弹出的菜单中选择"拼合图像"，将多个图层合并为1个图层。

在Photoshop主界面的左上角单击"文件"菜单，选择"存储为"菜单项，打开"另存为"对话框，在对照片进行命名之后，单击"保存"按钮，如图9-60所示，弹出"JPEG选项"界面，用于对存储选项进行设置。这里笔者设定为了"最佳画质"，然后单击"确定"按钮即可，如图9-60所示。

图 9-60

这样，照片的整个处理就完成了。

小提示

如果磁盘存储空间不够充裕，或是没有后续更进一步的应用，那么此处也可以不保存为最佳品质。如果将品质（即压缩等级）设定为8左右，那么照片所占空间就会极大地缩小，且用户在电子设备上浏览时也基本不受影响。

以上笔者非常全面、详细地介绍了照片暖色调处理的完整过程。如果需要暖色调的照片，那么只要按照这种思路来处理就可以了。

照片处理前后的效果对比如图9-61所示。

原片

调整后的照片效果

图 9-61

冷色调：冰天雪地

　　冷色调的照片是指以色轮下半部分的蓝色、青色等色系为主拍摄的摄影作品。这种作品能够让人感觉到理智、平静，或是寒冷。

　　对于一些背光或是没有直射光照射的场景，如果刻意渲染和强化其冷色调的效果，就可在一定程度上增强照片的表现力。下面笔者将介绍冷色调摄影作品的制作思路和技巧。

　　如图 9-62 所示的照片拍摄的是冰雪类题材。如果场景中没有直射光线，属于散射光环境，那么这类照片给人的感觉就是非常寒冷的。这种主题为寒冷的照片，天生就适合渲染为冷色调：既可以强调照片的主题，又可以美化照片的形式感，凸显视觉效果。

图 9-62

　　对于色彩的创意性调整，绝大多数都是以曲线调色为主来实现的，所以，很自然地，应先创建曲线调整图层，如图 9-63 所示。

　　冷色调以蓝色、青色等色系为主，所以首先要增强照片的蓝色调。在曲线调整面板中切换到蓝色曲线，然后在占据画面绝大部分的亮调区域创建锚点并向上拖动，以提高这部分的蓝色比例，接着在照片的暗部区域创建锚点，并适当向下拖动进行恢复。同样地，色彩调整不能让照片各部分的蓝色都非常浓重，否则会显得很假，此时的曲线形状及照片效果如图 9-63 所示。

图 9-63

待提高蓝色的比例后，观察可以发现，照片是偏洋红色的。现在要做的并不是将照片调整为正常颜色，而是要偏冷色，所以，如果适当降低红色，会让照片向青色方向发展。

在曲线调整面板中选择红色曲线，适当降低红色的比例。为防止照片整体都过于偏青色，应在中间调及暗部区域分别创建一个锚点，适当恢复一点。此时的曲线形状及照片效果如图 9-64 所示，可以看到，照片已经不再偏洋红色了，而是变为了青蓝色，给人很冷的感觉。

图 9-64

与制作暖色调一样，通过红色和蓝色两条曲线基本上就完成了冷色调的制作，但是效果可能并不符合用户的偏好，因此可以利用绿色曲线对照片的色调进行偏移处理。提高绿色成分的比例，会让照片向蓝绿色偏移；降低绿色成分的比例则会让照片的蓝色更纯净一些，不会那么偏青色。

在曲线调整面板中切换到绿色曲线，然后在曲线的中间部位创建一个锚点，并轻轻向下拖动，以降低绿色比例。此时的曲线形状及照片效果如图 9-65 所示。与图 9-64 的效果对比，色彩已经不再严重偏青色了。

图 9-65

当照片的色彩调整到位后，画面的影调效果还是欠佳，比如主体或视觉中心与环境的融合度过高，没有"跳"出来，不够突出。

如果切换到 RGB 复合曲线，适当提亮亮部，压暗暗部，就相当于增大了照片的反差，让作为主体的马圈和远景的山林部分变得更加清晰、明显，也能形成一种远近的呼应，这样画面就耐看了许多。此时的曲线形状及照片效果如图 9-66 所示。

图 9-66

关闭曲线调整面板，在底部的图层面板中可以看到，只是通过一次的曲线调整，就可以制作出很好的冷色调效果。最后，拼合图层，将照片保存即可。照片调整前后的效果对比如图 9-67 所示。

原片

调整后的照片效果

图 9-67

冷暖对比色调：最后的乡村

用户经常会拍摄如图 9-68 所示的这类照片——当太阳西下或是朝阳升起时，低角度的照射会让景物拉出很长的影子，这时照片的明暗影调层次变得非常漂亮。在大多数情况下，这类照片往往是阴影的比重更大，而受光照射的部分则可能会小一些。根据用户的认知，阴影部分如果属于冷色调，画面的色彩感就会更漂亮，而且这种冷色调还会与受光照射的暖色调部分形成冷暖对比，最终照片的光影及色调俱佳。

226

小提示

其实无论什么题材，只要是在低角度的太阳光线照射下拍摄，大多数都可以处理为冷、暖色调。

图 9-68

创建曲线调整图层的目的是将暗部渲染为冷色调，所以切换到蓝色通道，在蓝色曲线的暗部创建锚点，并向上拖动增加蓝色。因为曲线是平滑的，亮部也会被自动地向上拖动了，渲染上了蓝色，所以还需在亮部创建锚点并向下拖动进行恢复，如图 9-69 所示。

图 9-69

此时的照片整体偏红色了，因此切换到红色通道，在暗部创建锚点并向下拖动减少红色（相当于增加青色），让暗部变为青蓝色，然后在亮部创建锚点并向上拖动进行恢复，以避免亮部也变为青色。此时的曲线形状及照片效果如图 9-70 所示。

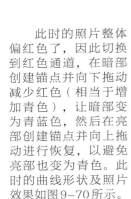

图 9-70

第 09 章　明暗与调色实战

接下来，切换到绿色通道，对洋红色过重的亮部进行校正。适当向上拖动绿色曲线，增加绿色就相当于减少洋红色。与此同时，还要将绿色曲线的暗部恢复回来。此时的曲线形状及照片效果如图9-71所示。

图 9-71

待分别对蓝色、红色和绿色曲线调整到位后，照片的整体色调基本上就设定好了。这时，照片的影调显得不够明显，因此切换到RGB复合通道，适当压暗暗部，提亮亮部，以强化照片反差，丰富明暗影调层次，如图9-72所示。

图 9-72

通过以上的调整，照片的色彩和影调大致就都处理好了。此时，用户还可以对照片的色彩和影调细节进行微调，直至达到最理想的状态。

最后照片处理完成，并将调整曲线创建为预设后，拼合图层，再将照片保存即可。照片处理前后的效果对比如图9-73所示。

原片

调整后的照片效果

图 9-73

复古色调：春天的序曲

高饱和度的照片能够很容易地吸引欣赏者的注意力，但有时也会存在明显的问题——照片不够耐看！原因是过高的饱和度可能会让景物的表面损失大量的细节层次。低饱和度照片则相反，大都更加耐看。在去除色彩的干扰后，照片更容易将自身的内容或故事表现出来。另外，在低饱和度的照片中景物表面的细节表现力更强。

如果用户能够降低照片的饱和度，重点表现画面细节和视觉冲击力，同时又可以让照片的色调引人注目，自然就是极好的事情。本节笔者就介绍这样一种非常好的调色思路——复古色调。

下面将通过一张风光照片的制作，学习复古色调的制作技巧。打开如图 9-74 所示的照片。这是 2007 年 5 月月初拍摄的内蒙古草原，当冰雪消融后，大部分地区都已经春暖花开，北方的草原虽然没有绚烂的色彩，但伸着懒腰的一匹马及温暖的阳光都分明已奏响了春天的序曲。不过，照片的问题在于画面的色彩稍显平淡。笔者想将其制作为复古色调，强化那种怀旧的效果。

图 9-74

创建色相/饱和度调整图层，向左拖动饱和度滑块，降低照片整体的饱和度，弱化色彩带来的干扰，如图 9-75 所示。

图 9-75

待全图降低色彩感后，景物之间的主次关系依然不够明确，比如，蓝色的天空对于地面的景物依然存在很强的干扰。

切换到蓝色或是青色通道，选择带"+"的吸管，分别在蓝色天空的不同区域单击取色，将天空的绝大部分都纳入到调色范围内，而地面的景物则不会。当确定对蓝色天空的调色范围后，适当降低饱和度、明度，这样可以弱化天空的干扰。此时的色相 / 饱和度面板与照片效果如图 9-76 所示。

图 9-76

待当将天空色彩调整到位后，再切换到黄色通道，依然是选中带"+"的吸管，分别在地面枯草和裸露的土地区域单击取色，将这两部分纳入到调色范围内，然后降低地面景物的饱和度、明度。此时的色相 / 饱和度面板及照片效果如图 9-77 所示。

这样，就会发现天空及地面的色彩感变得很弱了，不会再对主体的马匹产生强烈的干扰了。

图 9-77

此时，马匹的饱和度较高，而周边环境的饱和度又很低，接下来就要适当降低马匹的饱和度。为什么要这样做呢？答案很简单，画面的色调还是应该协调起来，否则马匹过高的饱和度与环境对比，会显得不够自然。

切换到红色通道，选择带"+"的吸管在马匹身上单击取色，确定调色范围，然后适当降低饱和度、明度。此时的色相 / 饱和度面板及照片效果如图 9-78 所示。

图 9-78

这样照片的低饱和度效果就制作好了。为了避免照片的色彩饱和度过低而无法吸引欣赏者的注意力，笔者再创建一个色相／饱和度调整图层，勾选"着色"复选项，为照片渲染绿色－青色－蓝色附近的混合色调，如图9-79所示。

图 9-79

此时，照片变为了纯粹的青色，因此要降低最后创建的色相／饱和度调整图层的不透明度，只让照片微微呈现出复古色调就可以了，如图9-80所示。

图 9-80

当照片所有的调色工作都完成后发现，此时整体灰蒙蒙的，即灰雾度太高，因此，创建一个曲线调整图层，裁掉高光空白的部分，然后再对整体的明暗影调层次进行轻微调整，直至变得丰富起来。此时的曲线面板及照片效果如图9-81所示。

图 9-81

第09章 明暗与调色实战

创建渐变映射调整图层，依然是设定黑白渐变（这里笔者省略了中间操作过程，如果用户还是不明白，那么就翻看之前介绍的内容再复习一遍），最后将图层混合模式改为明度，这样照片就会变得通透起来，如图 9-82 所示。

图 9-82

照片整体处理完成后，合并图层并保存即可。照片调整前后的效果对比如图 9-83 所示。

原片　　　　　　　　　　　　　　调整后的照片效果

图 9-83

从整体上看，照片复古色调的处理思路是这样的：（1）降低全图的饱和度，再分别对过于强烈的一些色彩进行单独的调整，主要是降低饱和度和明度，最终让整体的色彩协调一致起来；（2）为照片渲染一种复古的绿色－青色－蓝色色调，确保照片可以吸引欣赏者的注意力，并强化一种年代感。

第❿章 照片合成实战

　　照片合成是指对多张照片或素材进行合成，获得与原片相比更独特的效果。常见的照片合成中，我们可以将某些元素（可能是从某些照片中抠取出来的元素），无痕地融入其他背景当中；也可能是将不同的照片无缝拼合在一起，获得更精彩的效果。

　　此外，还有一些比较简单的照片合成，如制作高动态范围的HDR效果，制作全景图，制作景物倒影等。

10.1　完美曝光的高动态范围照片

人眼具有很高的宽容度和自我调节能力，即使在强光的高反差环境中也能够看清亮处与暗处的细节。相机则不同，即使是最高端的数码单反相机，也无法同时兼顾高反差场景中亮处与暗处的细节。高动态范围（High-Dynamic Range，简称 HDR）便是针对这一现象而产生的，意为高动态光照渲染。具体到摄影领域，HDR 是指通过技术手段让画面获得极大的动态范围，以将所拍摄画面的亮部和暗部细节都较好地显示出来。

针对高反差的拍摄场景，获得 HDR 照片效果的方法有许多种，下面进行详细的介绍。

直接拍摄出 HDR 效果的照片

针对高反差的拍摄场景，当前许多新型的中高端数码单反相机都内置了 HDR 功能。在设定开启该功能时，可通过数码处理补偿明暗差，拍摄出具有高动态范围的照片。以佳能 EOS 5D Mark III 为例，在设定开启 HDR 功能拍摄照片时，可以将曝光不足、标准曝光、曝光过度的 3 张图像在相机内自动合成，获得高光无溢出和暗部不缺少细节的图像。

设定 HDR 功能来控制高反差画面——曝光不足的照片用于显示亮部细节；标准曝光用于显示正常亮度的部位；曝光过度的照片用于显示暗部细节。最终这 3 张照片会被自动拼合为 1 张照片（JPEG 格式，扩展名为"jpg"），这样照片中就能够同时很好地显示亮部和暗部的细节了。

在相机内设定 HDR 功能对明暗反差大的场景比较有效，在拍摄低对比度（阴天等）的场景时也能够强化阴影，最终得到戏剧性的视觉效果。在通常情况下，当相机内设定开启 HDR 功能时，可以将不同照片间的曝光差值设为自动、±1EV、±2EV 或 ±3EV。例如，当设定 ±3EV 时，照片会对 –3EV、0EV、+3EV 的 3 张照片进行 HDR 合成。其中，+3EV 的照片基本上能够确保获得足够多的暗部细节。

与菜单内设定开启 HDR 功能不同，在有些新型的入门级数码单反相机中，则是直接内置了 HDR 曝光模式。在面对逆光等场景时，可以设定该模式直接拍摄，以获得高动态范围的照片效果。以佳能 EOS 650D 为例，在模式拨盘上有 HDR 曝光模式，当设定该模式后按下快门，相机就会像高速连拍一样曝光 3 次，最终直接合成 1 张高动态范围照片，以追回高光和阴影部分丢失的细节。在拍摄期间，拍摄者要注意握稳相机，不要大幅度抖动，否则在最终图像中就可能无法正确对齐。在高反差场景中使用 HDR 逆光模式拍摄，能够得到的高动态范围效果还是不错的，如图 10–1 所示。

图 10–1

利用"HDR 色调"获得 HDR 效果的照片

在拍摄期间,用户可以使用相机内置的 HDR 功能设定,也可以使用相机的 HDR 逆光模式来直接拍摄,以获取接近完美曝光的高动态范围照片。如果用户在拍摄期间没有利用相机的 HDR 相关功能,也可以在后期软件中对照片再进行适当处理,以获得动态范围较高的照片效果。

针对单一的 JPEG 格式照片,利用 Photoshop 中的 HDR 色调功能可将高反差照片转换为高动态范围效果,以让照片呈现出更多的阴影及高光细节。对于如图 10-2 所示的照片,如果进行 HDR 色调处理,就可让照片呈现出更多的细节,并且还可获得如油画一般的漂亮效果。在"图像"菜单内选择"调整"菜单项,然后在弹出的菜单内选择"HDR 色调"菜单项。打开"HDR 色调"对话框,可以获得默认的 HDR 高动态画面效果。

图 10-2

在打开"HDR 色调"对话框后,系统会自动对照片的阴影和高光部位进行优化,效果往往是不错的,不需要再对这些参数进行调整了。用户需要额外注意的是,细节和饱和度这两个参数。适当增加细节参数值,可以让照片的细节更加细腻、真实;打开"HDR 色调"对话框后,可供饱和度已经默认是饱和度提高了 20%,但可能会过高,因此应适当将饱和度降低回来。最后,单击"确定"按钮返回,如图 10-3 所示。这样,调整后的照片效果如图 10-4 所示(在大部分情况下,HDR 色调对话框中,不宜大量调整,只针对部分参数进行微调即可)。

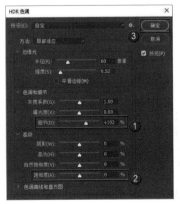

图 10-3

图 10-4

利用"阴影 / 高光"获得 HDR 效果的照片

除 HDR 色调功能之外，利用"阴影 / 高光"调整也可以达到 HDR 效果。打开如图 10-5 所示的照片，在"图像"菜单内选择"调整"菜单，然后在弹出的菜单内选择"阴影 / 高光"菜单项，打开"阴影 / 高光"对话框。此时可以发现，已经默认是阴影提亮了 35%，用户可以先把提亮的阴影降回到 0，然后再勾选对话框底部的"显示更多选项"复选项，打开更为专业的调整框，显示更多的调整参数。

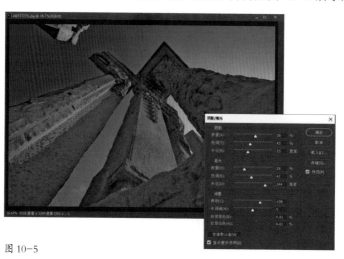

图 10-5

数量：指调整程度的高低。数值越大，调整效果越明显；反之，则不明显。

色调宽度：指所调整暗部或亮部涵盖的色彩宽度。假设要调整的照片暗部或亮部以红色系像素为主，如果设定较大的色调宽度，那么就会连同橙色、洋红色等周边的色彩也纳入进来进行调整了，而如果设定较小的色调宽度，那么就会限定只对红色进行调整。

半径：指纳入明暗结合部位像素的多少。半径大则纳入的像素多；半径小则严格限定纳入少量的像素。这有点类似于羽化功能，也能够让过渡区域变得平滑起来。

分别提亮阴影部分，降低高光部分，同时观察画面的效果，可以发现画面亮部和暗部都显示出了更多细节，但主体与背景之间也都产生了明显亮边，显得不够自然。此时，就需要对"色调宽度"和"半径"两个参数进行调整了。适当拖动"色调宽度"和"半径"滑块，并随时观察画面的效果，直至将照片调整到一个比较理想的状态。（当然，在此过程中还可以对阴影和高光值进行微调。）待调整完毕后，照片效果如图 10-6 所示。最后，将照片保存即可。

图 10-6

自动 HDR 合成 HDR 效果的照片

在后期软件中，除"HDR 色调"和"阴影 / 高光"之外，还可以模仿相机用多张照片合成出 HDR 效果，只要用户准备好了不同曝光值、同一视角的多张照片即可，如图 10-7 所示。高曝光照片可以将场景的暗部很好地显示出来，用于获得暗部细节；低曝光照片可以将场景的亮部很好地显示出来，用于获得亮部细节。之后，再将分别得到的暗部和亮部细节进行合成，最终各部分都能获得非常完整的细节表现力。

这里有一个关键点：除要设定相对较大的包围曝光补偿值外，还应该使用三脚架辅助拍摄，以确保获得同样视角的画面，然后在 Photoshop 中进行 HDR 合成就可以了。

图 10-7

在 Photoshop 的"文件"菜单中，选择"自动"菜单项，打开子菜单，在其中选择"合并到 HDR Pro"，打开"合并到 HDR Pro"对话框，如图 10-8 所示。单击"浏览"按钮，在按住 Ctrl 键的同时选择要合成的照片，将这些照片都载入进来，最后单击"确定"按钮。

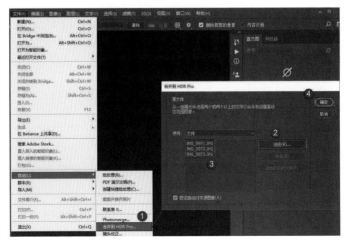

图 10-8

当确定之后，就可以在 HDR Pro 界面中显示自动合成后的效果了。初步合成的效果非常差，需要在界面右侧对各种参数进行调整，从而优化合成照片的效果。适当调整边缘光下的半径和强度可以让画面看起来更加自然、真实。适当提高细节参数，可以让画面中景物的轮廓线更明显一些，这有些类似于清晰度的调整。

另外，当自动合成后，系统默认提高饱和度，这可能会让照片损失一些色彩的细节层次。如果后续不再对照片进行调整了，那么就可以保持默认，即提高一定的饱和度；如果还要返回 Photoshop 主界面对照片再进行一些微调，那么就建议适当降低一下饱和度，让照片保留足够多的色彩细节。此时的参数调整及照片效果如图 10-9 所示。最后，单击"确定"按钮返回。

图 10-9

当返回 Photoshop 主界面后，观察照片可以发现，水平线有些倾斜，因此在工具栏中选择"裁剪工具"，然后在顶部的选项栏中单击选择"拉直工具"，并沿着天际线拉动，将照片的水平线校正。照片效果如图 10-10 所示。

图 10-10

此时，照片的色彩、影调等都不够理想，因此创建"曲线"调整图层，在打开的"曲线"调整面板内，使用"白平衡调整吸管工具"，进行白平衡校色，然后再对照片的整体影调进行微调，让明暗影调层次不会太难看。此时的曲线形状及照片效果如图 10-11 所示。

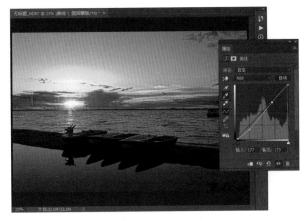

图 10-11

待曲线调整到位后，选择"裁剪工具"，但不要锁定裁剪比例，将照片上方的天空和下方的水面裁掉一部分，从而显得更加紧凑，如图 10-12 所示。另外，扁一些的构图画面还能够让近景与远景的距离显得更远一些，这符合"画以深远为贵"的美学规律。

图 10-12

此时的照片显得晦暗、不够通透。为此，可以利用之前曾经介绍过的"渐变映射"或是"滤色+柔光图层混合模式"，提高照片的通透度。最终，照片效果如图 10-13 所示。

图 10-13

手动 HDR 合成 HDR 效果的照片

在 Photoshop 内进行多照片的 HDR 合成，是获取高动态范围画面的最佳方式，但自动 HDR 合成的方式却存在一定的缺陷——由软件经过计算来确定保存和舍弃的区域，从摄影的角度来看，拍摄出的照片是有些"傻"的。有经验的摄影师可以采用手动 HDR 的方式来合成高动态范围的照片，即自行判断不同曝光值照片保留的区域，最终得到满意的效果。

具体的操作方法是，在 Photoshop 中打开不同曝光值的几张 JPG 格式照片，然后将它们叠加在一起，用橡皮擦擦掉

过曝或曝光严重不足的区域即可。（此外，也可以采用蒙版 + 渐变工具的方式进行快速合成，得到 HDR 效果。）在 Photoshop 中打开不同曝光值的照片，并按住 Shift 键拖动，将它们叠加在一起，如图 10-14 所示——底部是低曝光值的照片；中间是标准曝光值的照片；上方浮动的是高曝光值的照片。

图 10-14

在本例中，笔者想要保留高曝光值照片的近景水面部分、低曝光值照片的天空部分，以及标准曝光值照片的中间水面部分，因此，在工具栏中选择"橡皮擦工具"，设定合适的橡皮擦直径大小，然后分别在不同的图层上进行擦拭，确保最后叠加的效果是 HDR 状态的，如图 10-15 所示。

图 10-15

待照片调整到位后，拼合图层，得到的就是对照片进行初步的手动 HDR 合成后的效果了，然后再校正照片的水平线，并裁掉过于空旷的天空和前景水面，让构图紧凑起来，如图 10-16 所示。

图 10-16

因为笔者是使用原片进行合成的，影调及色彩可能不够漂亮，所以可以再对照片进行整体明暗影调层次、色彩及锐度的优化处理。

调整的技巧是多种多样的，笔者个人比较喜欢载入 Camera Raw 滤镜进行微调优化。在 Camera Raw 滤镜中对照片进行优化处理后的效果如图 10-17 所示。

图 10-17

10.2 全景照片的合成

要获得风光题材的全景效果，如果使用常规的器材，拍摄者就只能在距离较远处拍摄，以获得更大的视角，但这样拍摄的照片画面会明显缺乏细节。全景照片的正确获取方式是近景拍摄，然后在后期软件中制作完成。具体方法是，近距离拍摄＋后期接片。这样最终得到的照片视野开阔，且画面的细节丰富。

后期思路指导前期拍摄

1. 使用三脚架，让相机同轴转动：左右平移视角连续拍摄多张照片，且还要保证所拍摄的这些素材照片都在同一水平线上，所以使用三脚架辅助就是最好的选择了。在三脚架上固定好相机，但要松开云台底部的固定按钮，让云台能够转动起来，然后同轴地左右转动相机拍摄即可。

2. 选用中长焦端镜头，避免透视畸变：在使用广角镜头拍摄全景照片时，只需 2~3 张即可满足全景接片的需求。这样虽然操作简单一些，但存在一个致命的缺陷，那就是无论多好的镜头，广角端往往都存在畸变，即画面的边角会扭曲。多张边角扭曲的素材接在一起，最终的全景也不会太好。应该选择畸变较小的中长焦距来拍摄，如果使用中等焦距拍摄，那么 4~8 张照片完全可以满足全景接片的需求。

3. 手动曝光保证画面明暗一致：要完成全景照片的创作，要注意不同照片曝光的均匀性，即应该让全景接片所需要的每 1 张照片都采用同样的拍摄参数，包括光圈、快门、感光度等，这样最终完成的全景照片才会显得真实。

4. 充分重叠画面：在拍摄全景照片的过程中，要注意相邻的两张素材照片之间应该有 15% 左右的重叠区域。如果没有重叠区域，那么后期就无法完成接片；如果重叠区域少于 15%，那么接片的效果就可能会很差，甚至无法完成。当然，如果重叠区域很大，甚至超过了一半，合成效果也不会好。图 10-18 展示了一组很好的接片素材图。

从列出的素材图可以看出：相机在同轴水平移动的前提下，水平面整体齐平；不同素材之间的曝光值相同，明暗差别很小；各素材的四周均没有明显畸变，画质较好；不同素材之间有一定的重叠区域。满足以上这些条件，是能合成完美全景画面的前提。

图 10-18

后期接片的操作技巧

　　当准备好拼接用的素材照片之后，打开Photoshop，在"文件"菜单中选择"自动"菜单项，然后在弹出的菜单中选择"Photomerge"菜单命令。在打开的"Photomerge"对话框中单击"浏览"按钮，弹出"打开"对话框，在其中选择接片使用的素材，之后单击"确定"按钮。此时可以发现，所选择的素材照片全都添加到了"Photomerge"对话框的列表中，最后单击"确定"按钮，如图10-19所示。

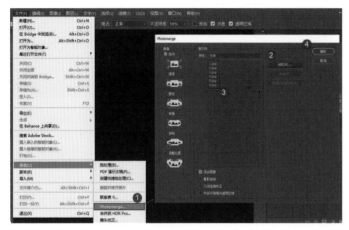

图 10-19

　　接下来，照片开始进行接片合成，从Photoshop的图层面板中也可以看到正在进行的图层整理及合成。等待一段时间后，接片完成，但拼接照片的四周有一些瑕疵，如出现没有像素的区域等，如图10-20所示。这不可避免，即便已经使用三脚架，保证拍摄的画面是在同一水平面上，在拼接照片时也会带来一些误差。

图 10-20

选择"裁剪工具"，裁掉周边有问题的区域，如图 10-21 所示，然后在软件的右上角单击按钮"√"（提交当前裁剪操作），即可获得更理想的全景效果。（当然，也可以在保留区域内双击鼠标，完成裁剪。）

图 10-21

放大照片观察画面的细节，待确认没有问题之后，在某个图层单击鼠标右键，然后在弹出的菜单选择"拼合图像"菜单项，合并图层，最后将照片保存即可。最终的全景接片效果如图 10-22 所示。

图 10-22

10.3　倒影合成的要点与案例

在拍摄山景、建筑等题材的作品时，将其与水景结合起来是非常好的选择，因为柔性的水与刚性的山体、建筑物等会形成一种潜在的刚柔对比，而且在平静的水面上还可以形成倒影，丰富画面的构图内容和明暗影调层次。

有时候前景的水面因为被大风吹皱，无法形成倒影，或者是前景根本没有水面，自然也就无法形成倒影了。那么，用户可以在后期中制作简单的倒影，让平淡的画面与众不同起来，增加意境。下面以一幅山景照片倒影的制作过程为例，介绍一般倒影的制作技巧。在 Photoshop 中打开如图 10-23 所示的照片，图中其实存在一定的倒影，只是因为有风，所以倒影并不算特别清晰。在本例中，笔者将尝试制作出一个更完美的倒影。

首先对所打开的照片进行初步的调整。用户可以很清楚地看到，照片的水平线是有一定倾斜的，因此在工具栏中选择"裁剪工具"，然后在 Photoshop 顶部的设定栏中选择"拉直工具"，将照片的水平线校正过来，如图 10-24 所示。之后，在工具栏中选择"矩形选框工具"，选择水面上方的实景部分，如图 10-25 所示。

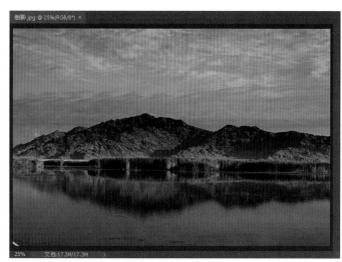

图 10-23

图 10-24

图 10-25

在利用矩形选框选中实景部分后，按 Ctrl+C 组合键复制选区，然后按 Ctrl+V 组合键进行粘贴，即可生成一个新的图层。接着在"编辑"菜单中选择"变换"菜单项，并在子菜单中选择"垂直翻转"菜单项，这样可以将刚粘贴的部分垂直翻转过来。移动刚粘贴的图层，使这部分与实景部分形成对称，如图 10-26 所示。

图 10-26

然后，选中新粘贴的图层，适当降低这部分的亮度（这里笔者使用曲线调整的方式进行了处理。当然，用户还可以使用其他方法。），之后单击"确定"按钮，接下来，再单击Photoshop软件右下角的"添加蒙版"按钮，为这个倒影图层添加一个蒙版，如图10-27所示。

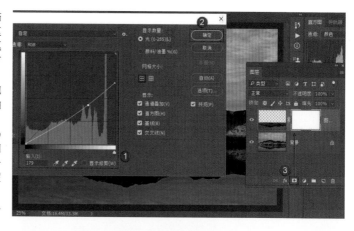

图10-27

单击选中"蒙版"图标，在工具栏中选择"渐变工具"，设定前景色为黑色、背景色为白色的线性渐变，适当降低不透明度，制作自山景至倒影中间的线性渐变，如图10-28所示。

制作此渐变的作用是，让实景与倒影的结合部位过渡得平滑一些，没有违和感，同时还能使结合部位稍亮一些，即倒影部分从上而下逐渐变暗，这样会让倒影看起来更加真实。

图10-28

当拖动出渐变之后，倒影效果就制作完成了。此时，拼合图层，将照片保存即可。制作倒影后的照片如图10-29所示。观察最终画面可以看出，主体景物亮度较高，而倒影部分存在明显由亮到暗的变化，比较贴近真实场景。

图10-29

10.4 照片合成的技术要点

　　将不同的元素合成到一张照片内，最重要的一点是，不同的素材搭配起来要协调，这样才会显得真实、自然。这就要求用户在选择合成的素材时，应尽量挑选光影、色彩等都比较搭配的类型。在通常情况下，合成一张"没有违和感"的照片，需要考虑以下 5 个协调性因素。

（1）光影的统一

　　所谓"光影的统一"，是指不同合成素材的受光条件应统一。如果主体人物的受光条件为散射光环境，而背景处于直射光环境下，那么合成两者就会显得不真实；反之亦然。换句话说，在合成之前要注意选择同类型光影的素材，同时，还要注意光照强度的问题，比如正午和早晚的光照存在强度差异，故在这两个时段拍摄的照片也不适合进行合成。

（2）白平衡（色彩冷暖）的一致

　　同样是斜射光照射，但太阳光源与室内的人工光源照射出来的效果也是不同的。因为白平衡不同，会导致画面的冷暖产生差异，所以将这两种光线下拍摄的素材照片合成，效果是不会真实的。当然，这只是一个例子，主要是想让用户知道，合成时要注意素材的冷暖协调性。

（3）透视要协调

　　广角镜头拍摄的素材与长焦镜头拍摄的素材也很难搭配在一起，因为透视不同。广角镜头拍摄的主体更适合与清晰、具有画面深度和广度的背景合成或与虚化、严重模糊的背景合成，都很难取得好的效果；反之亦然。

（4）清晰度要合理

　　一个非常清晰的主体人物，与另外一个面部显得不是很清晰的人物，虽能够合成在一起，但画面肯定不会真实，除非是将不够清晰的人物放在背景中。这说明在进行照片合成时，素材之间的清晰度也要协调。

（5）色彩饱和度要协调

　　在一般情况下，人物素材的饱和度都不会很高，而风光类素材，包括花卉等的饱和度都相对偏高一些。如果要将这两者合成，那么就需要将人物的饱和度提高，或是降低风光类素材的饱和度。这说明两个问题：其一，在合成时素材之间的饱和度同样要协调；其二，饱和度不协调的素材，可以在后期通过调整，将其调整到比较协调的程度。

10.5　风光作品合成：置换天空

　　在风光摄影题材中，照片的合成大多都会与天空有关系。因为天空往往是作为背景出现的，既可以交代画面的环境信息，也可以烘托主体景物。如此重要的构图元素，却并不是不可替代的。照片中只要主体不变，更换一片云层稍微多点的天空背景，那画面表现力就可以提升好几个档次。实际上，因为主体未变，所以更换天空的处理可能并不会影响用户想要表现的主题。在针对风光摄影题材的照片合成方面，笔者以一张照片置换天空为例来进行介绍。

寻找合成素材

　　打开如图 10-30 所示的照片。这张照片的问题只有一个，那就是色调给人的感觉不太舒服。在尝试了几种调色技巧后，效果都不够理想，所以笔者想换一片色彩浓郁、更有感染力的天空。根据原片的受光情况可以进行初步的判断：挑选的天空素材必须是在侧逆光环境中拍摄的；光源必须位于右侧，且根据地面景物的受光情况可以判断，光源强度不能过高；云层要漂亮一些。

图 10-30

　　虽然说风光题材的照片合成是百无禁忌的，但真正为原片找到合适的素材来进行合成却并不是一件容易的事。在本例中，只是简单地更换一片天空，就需要有很多的限制条件。最终笔者挑选了如图 10-31 左图所示的天空素材。从图中可以看出，除光源位置外，地面夹角、云层的漂亮程度等都符合要求，但画面的色调却与原片差别较大，好在这种色调的差异是可以进行调整和处理的，因此，先水平翻转（在"图像"-"图像旋转"菜单）照片，将光源位于右侧，与地面景物匹配起来，如图 10-31 右图所示，这也是最终要使用的天空素材。

照片无痕合成

当准备好素材之后，就可以开始进行照片合成的具体操作了。打开原片，在工具栏中选择"魔棒工具"，设定合适的容差，并在天空部分单击，为天空建立选区。需要注意的是，一次单击可能无法建立较大的选区，因此要选中"添加到选区"，在天空不同位置单击，以便将天空都勾选出来。另外，还应该注意，要取消勾选"连续"，这样才能将天空与地面景物结合部位的一些树木缝隙也包含进来，如图 10-32 所示。

当然，不勾选"连续"，也会产生新的问题，那就是水面、天空与地面景物的交界部位也会有一些区域被包含进来。

图 10-32

在工具栏中选择"快速选择工具"，设定"从选区减去"，在地面被多余包含进来的区域单击，如图 10-33 左上图所示。接着，不断调整画笔直径的大小，将边界一些勾选不准确的小型选区也取消掉，从而为天空建立准确的选区，如图 10-33 右下图所示。

图 10-33

第 10 章　照片合成实战

因为要保留的是地面景物，所以在"选择"菜单中选择"反选"菜单项。（直接按 Ctrl+Shift+I 组合键，也可以反向选取。）

然后在图层面板底部单击第 3 个图标"添加蒙版"，就

为选区添加了蒙版，如图 10-34 所示。此时，工作区中照片的天空就被遮挡了起来，变为了透明状态。

图 10-34

打开准备好的天空背景照片，在工具栏中选择"移动工具"，使用鼠标按住背景照片拖动到原片中，然后在图层面板中按住背景的天空照片向下移动，置于原片图层的下方。单击确保选中天空背景图层，在"编辑"菜单中选择"自由变换"。

此时，在天空背景照片的四周就会出现可拖动的调整线。将鼠标指针放在调整线上，按住 Shift 键，向外拖动，可放大天空背景照片，让光源朝向与地面景物协调起来，如图 10-35 所示。

图 10-35

至此，就完成了照片的初步合成叠加。此时，按 Ctrl++ 组合键放大照片，就会发现地面景物的边缘存在一些问题，有白边现象，同时还有些树的缝隙也没有处理好。接下来，要做的便是解决这种选区边缘的问题。

双击原片图层中的"蒙版"图标，打开蒙版"属性"面板，单击"选择并遮住…"按钮，如图 10-36 所示。

251

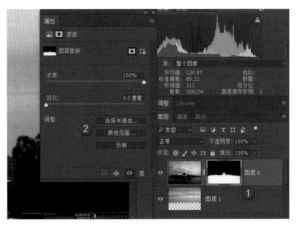

图 10-36

　　这时，在工作区照片的右侧会打开"属性"调整界面，如图 10-37 所示。其中有多个可供调整的参数，用于调整选区的边缘。

　　第 1 项调整参数为"半径"，表示沿着选区的蚂蚁线向两侧分别扩展一定的值，这个值就是设定的半径值。如果用户设定了半径为 20，那么就表示选区要沿着边缘分别向内收缩和向外扩展 20 像素。半径值越大，最终的选区边缘越不明显。如果勾选下方的"智能半径"，那么软件就会根据用户抠图的边缘，计算出合理的半径值。

　　在"半径"下方的"平滑"和"对比度"参数基本上都不必调整，而适当提高羽化值则可以让抠图的边缘更平滑一些，故这是个必调的参数。

　　另外一个比较重要的参数是"移动边缘"。顾名思义，如果将该值正向调整，边缘就会向选区外扩展，将更多的区域纳入到选区中来；如果将该值负向调整，边缘就会向选区内收缩，将原选区内的许多像素减去。如果向外扩展边缘，虽可避免损失重要的景物，但同时会将一些背景部分纳入到选区中来，这也是调整这个值最大的副作用。

图 10-37

在本例中，笔者适当提高羽化值，让天空与地面景物的交界线变得平滑起来，自然过渡。如果不提高羽化值，那么边缘线就会非常生硬，显得不够自然、真实。

为了避免将原片中的天空部分过多地纳入到选区中来，需要向内收缩边缘。此时的参数调整及照片效果如图10-38所示。

图10-38

在调整好选区边缘之后，用户仍然可以从地面树木的缝隙当中发现没有处理好的细节——有些部位发白。这是因为在建立选区时将原背景的天空部分也纳入了进来，需要剔除。

在界面左侧，单击选中第2个图标按钮"调整边缘画笔工具"，在照片中的边缘部分单击，由软件智能识别，将一些多选进来的景物去掉，如图10-39所示。这样，经过调整后的边缘部分就变得自然起来了。

当然，在使用该工具时，用户依然可以在顶部的选项栏中通过调整画笔直径的大小和硬度，来完善许多边缘细节部分。

图10-39

待照片的叠加合成，以及边缘都调整完毕后，就完成了绝大部分的合成工作了。接下来，需要调整原片和天空背景的色彩与影调，让两者协调一致起来。（其实，这项工作也可以安排在边缘调整之前。）

在图层面板中，分别选中原片和天空背景的图标，调整色彩，让其变得一致，如图 10-40 所示。至于调整的技巧，在此就不过多介绍了。如果用户不会，那么可以回到前面的明暗调整和调色章节进行学习。

图 10-40

当照片处理完成后，拼合图层。此外，为了让照片从整体上更加协调、自然，用户还可以在"滤镜"菜单中选择"杂色"—"添加杂色"，为照片添加一点杂色。最终效果如图 10-41 所示。

图 10-41

最后，还有两点需要用户注意：

（1）风光照片的合成，其实对于边缘的要求并不算特别高，所以用户在处理过程中也不用特别精细。

（2）风光照片的合成，最重要的还是素材照片的选择，如光源位置、光线与地面的夹角、镜头焦距等，初学者要认真领悟和体会。

10.6　人像抠图与合成：置换人物背景

对于人像摄影中的照片合成，以为人物更换背景最为常见。例如，很多商业广告类摄影，都是先在专业影棚内设计好人物造型，再将人物抠取出来，置入不同的场景中，以获得多种效果。许多电影海报也是如此——先将电影中的多个人物抠取出来，再放在某个典型的电影场景中合成，以便于宣传。

对于摄影初学者而言，进行人像摄影作品的合成，难点主要有两个：其一是人物发丝部位的抠取；其二是在多素材合成时，怎样才能做到毫无违和感。在选取合成素材时要注意光线朝向、光线夹角、素材表现力的问题，而在人像合成时，用户还要注意人物与背景的虚实控制、画面中锐度最高的位置等问题，也就是说，选择人像合成素材的难度要更高一些。

下面来看具体的案例。这里，笔者选取了两张素材照片，分别为如图 10-42 所示的人物素材和如图 10-43 所示的背景素材。

图 10-42

在选择素材时，用户一定要注意焦距、光圈等重点参数。处理好这两个参数可以确保拍摄的两张照片在透视和背景虚化程度上差不多。

另外，虽然笔者在人物素材照片的右侧加了一个镜头光晕，但照片在本质上还是处于近似散射光环境里的，而在确保焦距和光圈相差不大后，另外一个重点就是确保照片的环境也要接近散射光。

图 10-43

　　打开人物素材照片，在图层面板中切换到"通道"选项卡，分别单击红色、绿色、蓝色通道，待观察照片的变化情况后，最终确定选择人物与背景反差最大的红色通道。然后红色通道上单击鼠标右键，在弹出的菜单中选择"复制通道"菜单项，复制出一个名为"红拷贝"的通道，接着单击其他通道前面的小眼睛图标，隐藏其他所有的通道，以确保只选中并显示"红拷贝"通道，如图 10-44 所示。

　　之所以要复制这样一个通道，是因为下一步的编辑将会在该通道上进行。如果针对原来的红色通道进行操作，就会改变原片。

图 10-44

当选中复制的"红拷贝"通道后，在"图像"菜单中选择"调整"，再在子菜单中选择"曲线"，打开"曲线"对话框，然后选择"目标选择和调整工具"，强化人物头发部位与背景的明暗反差。这种反差越大越好，最好是调整为彻底的黑白对比，但要注意，有时候因为头发与背景的色彩或明暗相近，所以可能无法获得很好的黑白对比效果。这时，应该尽量确保人物的边缘部位与背景存在较大的反差，如图10-45所示。

待调整好后，单击"确定"按钮返回软件主界面。

图 10-45

此时，画面的黑白选区仍然非常混乱，笔者的目的是先让背景全部呈现黑色，而人物全部呈现白色，然后再给白色的人物部分建立选区。使用"画笔工具"，设置背景色为黑色，将背景部分彻底涂黑，然后设置前景色为白色，将人物部分彻底涂为白色，最终效果如图10-46所示。

图 10-46

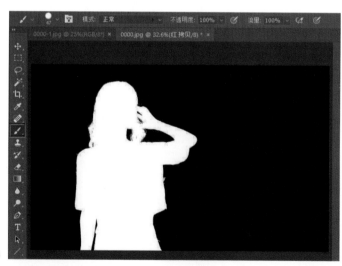

分别将人物和背景涂色后，在通道面板底部单击第1个按钮"将通道作为选区载入"，即可为白色部分建立选区，如图10-47所示。

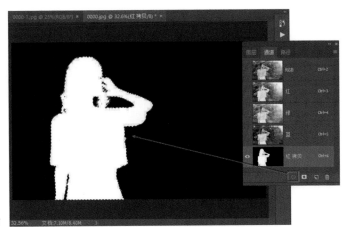

图 10-47

在上述操作过程
中，用户不必担心对
人物和背景的涂抹会
影响到原片，因为涂
抹是在复制出来的"红
拷贝"通道上进行的。
当建立选区后，单击
"RGB"复合通道，
让照片回到彩色的状
态。此时，选区依然
存在，如图 10-48 所
示。最后，再切换回
图层面板即可。

图 10-48

观察照片可以看
到，在人物的脖子部
分有束头发被排除在
了选区之外。这时，
只要使用"快速选择
工具"，设定"添加
到选区"，然后在这
个位置单击，即可将
其也纳入到选区中来，
如图 10-49 所示。

图 10-49

在图层面板底部,单击"添加蒙版"按钮,为选区添加一个蒙版,这样就可以将选区外的背景全都遮挡住,把人物直接抠取出来,如图 10-50 所示。

图 10-50

接下来,就需要对选区边缘进行调整了。双击"蒙版"图标,在打开的蒙版"属性"界面中单击"选择并遮住",进入边缘调整界面。除正常的几个参数之外,这里依然要再次介绍一下"调整边缘画笔工具",其意义在于告诉 Photoshop,"这些边缘部位你可能忽视掉了,现在我给你涂抹上,让你再次进行检测和分辨!"这种操作能够在一定程度上追回许多错失的发丝,并且还能很好地消除干扰背景。最终,参数及边缘涂抹调整的效果如图 10-51 所示。

图 10-51

调整完毕后，单击"确定"按钮返回。选择"移动工具"，按住并拖动抠出来的人物到准备好的背景照片当中。在"编辑"菜单中选择"自由变换"菜单项，按住 Shift 键拖动放大人物，直至完全遮挡住背景照片中的人物，这样就实现了很好的叠加合成，如图 10-52 所示。

图 10-52

此时，人物素材与背景之间存在一定的色彩差异的——人物稍稍偏暖一些，背景偏冷一些，因此，在图层面板中单击选中人物素材照片，打开"色彩平衡"对话框，分别降低该照片的黄色、红色、洋红色的比例，这样与背景素材之间的色彩就协调起来了，最后单击"确定"按钮返回，如图 10-53 所示。

图 10-53

这时的照片从整体上看已经非常好了，但如果放大观察，就会发现人物边缘还有些问题——几乎所有的人像照片，抠出来的人物边缘都会有色彩和明暗的失真，如图 10-54 所示。

图 10-54

在"图层"菜单的底部选择"修边"—"颜色净化",打开"颜色净化"对话框,在其中不断提高数量值并随时观察照片中人物的边缘,直至引起失真的亮边消失,最后单击"确定"按钮返回,如图 10-55 所示。

在大多数情况下,用户都没有必要直接进行"颜色净化"处理,只需在"修边"菜单中选择"去边"(宽度设定为 1)即可。只有在去边无法获得很好的效果时,才会如本例这样尝试使用"颜色净化"进行处理。

图 10-55

将人物的边缘调整好后,照片效果及图层面板中的图层分布状态如图 10-56 所示。

图 10-56

这时,仍然可以分别对不同的图层、选区边缘等进行调整,直到确定照片没有问题了,再合并图层,将照片保存。最终效果如图 10-57 所示。

图 10-57

第11章　不同照片格式的用法

　　本书最后的内容，我们将会介绍RAW格式与Camera Raw工具相关的知识。只有你尽量掌握一些照片格式方面的知识，才能更好地学习和理解后续内容。本书前面的内容，主要是针对JPEG格式照片的各种处理，而后续章节，则主要是针对RAW格式文件。

　　如果你是一位商业摄影师，那打开保存照片的文件夹，照片文件就往往会有.JPG、.TIFF、.NEF（或.CR2）、.PSD、.XMP等多种格式，其中".NEF"为尼康单反相机拍摄的RAW格式文件（佳能单反相机拍摄的RAW格式文件的扩展名是.CR2）。即便是业余摄影爱好者，除.TIFF格式外，其他照片格式也是经常要用到的。

　　本章我们就将详细介绍这些常见照片格式的特点和用法，此外，我们还将介绍DNG、PNG等其他几种常用的照片格式。

11.1 为何使用 RAW：JPEG、RAW 和 XMP 详解

JPEG 格式的说明

JPEG 是摄影师最常用的照片格式，扩展名为 .JPG。（用户可以在计算机内设定是以大写字母还是小写字母的方式来显示扩展名，如图 1-23 所示便是以小写字母 .jpg 表示的。）因为 JPEG 格式的照片在高压缩性能和高显示品质之间找到了平衡，通俗来讲，JPEG 格式的照片可以在占用很小空间的同时，具备很好的显示画质，并且，JPEG 是普及性和用户认知度都非常高的一种照片格式，计算机、手机等设备自带的读图软件都可以读取和显示这种格式的照片。对于摄影师来说，无论什么时候，大多都要与这种照片格式打交道。

从技术的角度来讲，JPEG 可以把文件压缩到很小。当在 Photoshop 软件中以 JPEG 格式存储时，提供了 13 个压缩级别，用 0 ~ 12 级表示。其中，0 级压缩比例最高，图像品质最差。到 12 级压缩比时，压缩比例就会变小，这样照片所占的磁盘空间会增大。用户在计算机、手机屏幕中观看的照片往往不需要超高质量的显示，较小的存储空间和相对高质量的画质就可以，因此通常选择 JPEG 格式。它既能满足在屏幕上观看照片的质量需求，又可以大幅缩小图片的空间。

在很多时候，压缩等级为 8~10 时，都可以获得存储空间与图像质量兼得的较佳比例，而如果用户的照片有商业或是印刷等需求，一旦保存为 JPEG 格式，那么就建议采用较小压缩的 12 等级进行存储。

对于大部分摄影爱好者来说，无论最初拍摄的照片格式为 RAW、TIFF、DNG，还是将照片保存为了 PSD 格式，最终在计算机上浏览、在网络上分享时，通常都还是要转为 JPEG 格式。

使用 RAW+JPEG 双格式

从摄影的角度来看，RAW 格式与 JPEG 格式是绝佳的搭配。RAW 是数码单反相机的专用格式，是相机的感光元件 CMOS 或 CCD 图像感应器将捕捉到的光源信号转化为数字信号的原始数据。RAW 格式文件记录了数码单反相机传感器的原始信息，同时还记录了由相机拍摄所产生的一些原数据（如 ISO 的设置、快门速度、光圈值、白平衡等）。RAW 是未经处理、也未经压缩的格式。用户可以把 RAW 格式概念化地称为"原始图像编码数据"，或更形象地称为"数字底片"。不同的相机有不同的对应格式，如 .NEF、.CR2 等。

因为 RAW 格式保留了摄影师创作时的所有原始数据，没有经过任何优化或是压缩而损失细节，所以特别适合作为后期处理的底稿使用。

这样，相机拍摄的 RAW 格式文件用于后期处理，最终转为 JPEG 格式的照片用于在计算机上查看和网络上分享，所以说，这两种格式是绝配！

以前，计算机自带的看图软件往往无法读取 RAW 格式文件，甚至许多读图软件也都不行。（当然，现在已经几乎不存在这个问题了。）从这个角度来看，RAW 格式的日常使用是多么不方便。在 Photoshop 软件中，RAW 格式的照片需要借助特定的增效工具 Camera Raw 来进行读取和后期处理。在具体使用时，将 RAW 格式的照片拖入 Photoshop，会自动在 Photoshop 内置的 Camera Raw 插件中打开。

RAW 格式的优势

讲了这么多，用户可能还是很迷糊：在后期处理方面，RAW 格式文件比 JPEG 格式到底强在哪里？

调整边缘

数码单反相机拍摄的 RAW 格式文件是加密的，有自己独特的算法。这样，相机厂商在推出新机型的一段时间内，因为作为第三方的 Adobe 公司（开发 Photoshop 与 Lightroom 等软件的公司）尚未破解新机型的 RAW 格式文件，所以是无法使用 Photoshop 读取的。只有在一段时间之后，待 Adobe 公司破解了该新机型的 RAW 格式文件后，才能使用旗下的 Photoshop 软件进行处理。

（1）保留了所有的原始信息

RAW 格式文件就像一块未经加工的石料，用户将其压缩为 JPEG 格式照片的过程，就像将石料加工为一座人物雕像。相信这个比喻可以帮助用户较直观地了解 RAW 与 JPEG 格式的一些差别。在实际应用方面，将 RAW 格式文件导入后期软件中后，用户可以直接调用日光、阴影、荧光灯、日光灯等各种原始白平衡模式，获得更为准确的色彩还原，如图 11-1 所示，而 JPEG 格式则不行，已经在压缩过程中自动设定为了某一种白平衡模式。另外，在 RAW 格式的原片中，用户还可以对照片的色彩空间进行设置，而不像 JPEG 格式的照片那样，已经自动压缩为了某种色彩空间（sRGB 或 Adobe RGB）。

图 11-1

再举一个例子，打开 RAW 格式文件，在不同的选项卡内可以对器材的拍摄效果进行校正，如图 11-2 所示即对镜头的拍摄效果进行了校正——暗角等明显减淡，而在打开 JPEG 格式的照片时，则没有这种功能，如果要消除暗角，就必须进行手动调整。

图 11-2

（2）更大的位深度，确保有更丰富的细节和动态范围

打开一张 RAW 格式的照片，提高 1EV 的曝光值，然后再打开一张与 RAW 格式文件完全一样的 JPEG 格式照片，同样提高 1EV 的曝光值。这样用户可以得到如图 11-3 所示的测试效果。从图中可以看到，RAW 格式的照片改变曝光值之后，画面整体的明暗发生了变化，但各区域的明暗仍然都非常合理，细节相对完整，而 JPEG 格式的照片提高曝光值后，亮部出现了明显的过曝，变得死白一片，损失了大量高光细节。

RAW 格式的原片画面

将 RAW 原片提高 1EV 曝光值后的画面

JPEG 格式的原片画面

将 JPEG 格式原片提高 1EV 曝光值后的画面

图 11-3

另外，用户在对拍摄的 JPEG 格式照片进行明暗对比调整时，经常会出现一些过渡不够平滑，有明显断层的现象。这是因为 JPEG 是压缩后的照片格式，已经损失了过多的细节。如图 11-4 所示，天空部分的过渡就不够平滑，出现了大量的波纹状断层。

图 11-4

出现如图 11-3 和图 11-4 所示的问题，原因只有一个，那就是 RAW 与 JPEG 格式文件的位深度不同。RAW 格式文件的位深度为 14 位或 16 位，而 JPEG 格式的照片位深度只有 8 位。

JPEG 格式的照片位深度为 8bit，通俗来讲，即 R、G、B 3 个色彩通道（色彩也有明暗）分别都要用 2^8 级亮度来表现。例如，用户在 Photoshop 中调色或是调整明暗影调层次时可以发现 0~255 级亮度，如图 11-5 所示。这说明所处理照片的亮度是 256 级，也就是 2^8，称为 8bit。R、G、B 3 个色彩通道分别都是 256 级亮度，如果将 3 种色彩任意组合，那么一共会组合出 $256\times256\times256=16{,}777{,}216$ 种颜色，而人眼基本上能够识别 $1{,}600{,}000$ 种色彩，所以两者大致刚好能够匹配起来。

再来看 RAW 格式照片，差别就很大了。RAW 格式一般具有 14 位或 16 位的色彩深度。以 14 位色彩深度为例，即 R、G、B 3 个色彩通道分别具有 2^{14} 级亮度，最终构建出来的颜色数是 $4{,}398{,}046{,}511{,}104$。如此多的色彩数，远远超过了人眼能够识别的范围。这样的好处就是给后期处理带来了更大的余地，而不会轻易出现那种 8 位色彩深度的照片宽容度不够的问

图 11-5

题，如稍一提高曝光值就会出现高光过曝、损失细节的情况等。要注意的一点是，RAW 格式在转化为 JPEG 格式时，会转变为 8 位通道。

XMP 格式的作用

如果用户在 Photoshop 中使用 Adobe Camera Raw（ACR）工具对 RAW 格式文件进行过处理，那么就会发现在文件夹中出现了一个同名的文件，但扩展名是 .xmp。该文件无法打开，即是不能被识别的文件格式，如图 11-6 所示。

其实，XMP 是一种操作记录文件，记录了用户对 RAW 格式原片的各种修改操作和参数设定，是一种经过加密的文件格式。在正常情况下，该文件非常小，几乎可以忽略不计，但如果删除了该文件，那么对 RAW 格式所进行的处理和操作就都会消失。

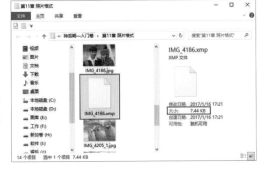

图 11-6

11.2　PSD 和 TIFF 格式的使用方法

PSD 是 Photoshop 图像处理软件的专用文件格式（一种无压缩的原始文件保存格式），扩展名为 .psd。用户也可以称之为 Photoshop 的工程文件格式（在计算机中双击 PSD 格式的文件，会自动打开 Photoshop 进行读取）。它可以记录所有之前处理过的原始信息和操作步骤，因此在处理过程中对于尚未制作完成的图像，选用 PSD 格式保存是最佳的选择——保存以后再次打开 PSD 格式的文件时，之前编辑的图层、滤镜、调整图层等处理信息均还存在，可以继续修改或者编辑，如图11-7 所示。

然而，也是因为保存了所有的文件操作信息，所以 PSD 格式的文件往往非常大，并且通用性很差，只能使用 Photoshop 读取和编辑，造成不便。

从对照片编辑信息的保存完整程度来看，TIFF 与 PSD 格式的文件很像。TIFF 格式文件是由 Aldus 和 Microsoft 公司为印刷出版而开发的一种较为通用的图像文件格式，扩展名为 .tif。TIFF 是现存图像文件格式中非常复杂的一种，优点支持在多种计算机软件中进行图像运行和编辑。

当前几乎所有专业的照片输出，比如印刷作品集等，都采用 TIFF 格式。以 TIFF 格式存储后，文件虽会变得很大，但可以完整地保存图片信息。从摄影师的角度来看，TIFF 格式文件大致有两个用途：其一，如果要在确保照片有较高通用性的前提下保留图层信息，那么就可以将照片保存为 TIFF 格式；其二，如果用户的照片有印刷需求，那么也可以考虑保存为 TIFF 格式。在更多时候，使用 TIFF 格式主要是看中其可以保留照片处理的图层信息。

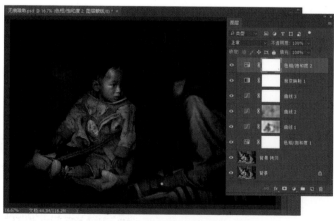

图 11-7

关于 PSD 和 TIFF 格式，用户还需要知道以下两点。

（1）PSD 格式是工作用文件，而 TIFF 格式更像是工作完成后输出的文件。最终当完成对 PSD 格式的处理后，可输出为 TIFF 格式，以确保在保存大量图层及编辑操作的前提下，能够有较强的通用性。例如，假设用户对某张照片的处理没有完成，但必须要出门了，就可以将照片保存为 PSD 格式，以便回家后重新打开保存的 PSD 格式文件，继续进行后期处理。如果出门时将尚未处理完的照片保存为了 TIFF 格式，那么肯定会产生一定的信息压缩，以致再返回后就无法进行延续性的处理。如果对照片已经处理完毕，又要保留图层信息，那么保存为

TIFF 格式便是更好的选择，而如果保存为了 PSD 格式，则后续的使用会让用户处处受限。

（2）这两种格式都能保存图层信息，但 TIFF 格式仅能保存一些位图格式信息，而对于矢量线条等则无法保存。相较而言，PSD 格式却可以毫无遗漏地保存下所有图层和编辑操作信息。在当前最新的 TIFF 格式中，存储时如果不进行任何压缩，已经能够保存矢量图、蒙版等信息了，所以从整体上看，TIFF 与 PSD 格式已经几乎没有任何区别了。

11.3　被忽视的 DNG 格式

如果用户理解了 RAW 格式，就很容易弄明白 DNG 格式。DNG 是 Adobe 公司开发的一种开源的 RAW 格式文件。Adobe 公司开发 DNG 格式的初衷是希望打破日系相机厂商在 RAW 格式文件方面的技术壁垒，实现一种统一的 RAW 格式文件标准，不再有细分的 CR2、NEF 等。虽然有哈苏、莱卡、理光等厂商的支持，但佳能、尼康等大众化的厂家并不买账，所以 DNG 格式未能实现其开发的初衷。

当前，在 Photoshop 中用户很少接触 DNG 格式，但事实上在 Photoshop、Lightroom 等 Adobe 软件中处理 RAW 格式文件时，软件会在内部默认将其转为 DNG 格式进行处理。（在 Lightroom 中进行处理时，不会产生额外的 XMP 记录文件，所以用户在使用 Lightroom 进行原始的文件照片处理后，是看不到 XMP 文件的。）当前，DNG 格式的缺陷还是比较明显的。其中，兼容性是个大问题，主要是因为 Adobe 旗下的软件支持这种格式，而其他的一些后期软件可能并不支持。

在 Photoshop 内部的很多设定当中，能够看到 DNG 格式方面的配置选项，如图 11-8 所示。如果勾选"忽略附属.xmp文件"，那么在 Photoshop 中打开处理过的 RAW 格式文件时，之前的处理就会失效。

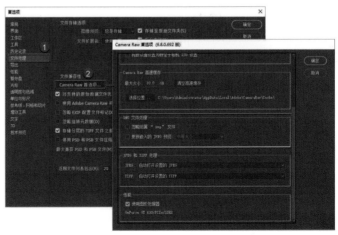

图 11-8

11.4　PNG 格式

相对来说，PNG 是一种较新的图像文件格式，其设计目的是试图替代 GIF 和 TIFF 文件格式，同时再增加一些 GIF 文件格式所不具备的特性。

对于摄影用户来说，PNG 格式最大的用途在于其能很好地保存并支持透明效果。用户只要抠取出主体景物或文字，删除背景图层，将照片保存为 PNG 格式，然后在将其插入 Word 文档、PPT 文档或嵌入网页时，就会无痕地融入背景，如图 11-9 所示。

图 11-9

第12章 Adobe Camera Raw核心技法

仅使用Photoshop是无法打开RAW格式原片的，为此，Photoshop内置了一款名为Adobe Camera Raw（简称ACR）的增效工具，其作用是针对摄影师拍摄的RAW格式原片（如佳能的CR2格式和尼康的NEF格式等）进行专业化的处理。当然，即便是JPEG等格式，也可以使用ACR来处理。

仅从数码照片的一般处理来看，相对于Photo-shop软件自身，ACR可能是更好用的，照片明暗、色彩、画质等的所有调整，都集成在了简单的工具界面，让用户能够进行一站式的集中处理，简单方便。

12.1　在 ACR 中打开各类照片

将相机拍摄的照片导入计算机后，如果想要进行后期处理，那么就可以在 Photoshop 等软件中进行调整了。如果要使用 ACR 进行处理，通常就需要采取特定的方法打开照片。

借助 Bridge 平台载入

如果用户正在 Bridge 中浏览照片，那么无论此时正在浏览的是 RAW 格式还是 JPEG 格式，要载入 ACR 进行处理，都是非常简单的。只要在想要打开的照片上单击鼠标右键，然后在弹出的快捷菜单中选择"在 Camera Raw 中打开…"选项，就可将照片载入 ACR 进行处理了，如图 12-1 所示。

图 12-1

直接拖入 RAW 格式

如果没有在 Bridge 中浏览照片文件，那么要将 RAW 格式载入到 ACR 也是非常简单的。用户只需先打开 Photoshop，然后用鼠标按住 RAW 格式文件，拖动到 Photoshop 的工作区后再松开鼠标，如图 12-2 所示，即可将该 RAW 格式文件在 ACR 中打开。

270

图 12-2

打开 JPEG 格式

同样是没有在 Bridge 中浏览照片,如果要在 ACR 中打开 JPEG 格式的照片,有两种常见方法:第一种方法非常简单,只要在 Photoshop 的"文件"菜单中选择"打开为…",弹出"打开"对话框,在其中找到 JPEG 格式照片,单击选中,然后在对话框右下角的照片格式中选择"Camera Raw",最后单击"打开"按钮即可。操作过程如图12-3所示。

图 12-3

在 ACR 中打开 JPEG 格式照片的第二种方法更为简单:在 Photoshop 中打开该照片,然后在"滤镜"菜单中选择"Camera Raw 滤镜",即可将照片载入到 ACR 当中。

利用"Camera Raw 滤镜"的方法打开 JPEG 格式照片,与其他方法不同的是,虽然用户仍然能够使用 ACR 的绝大部分功能,但在界面上方的工具栏中是没有照片裁剪功能的,同时在界面下方也没有照片尺寸调整的设定,并且界面右下角的"确定"按钮等分布还不一样,如图12-4所示。

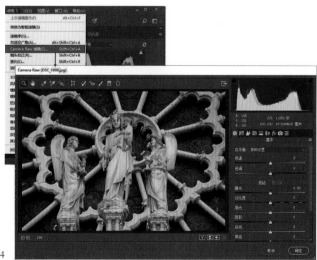

图 12-4

12.2　明暗、色彩与清晰度调整

在 ACR 中，对照片进行后期处理的功能主要集中在右，首当其冲的就是"基本"选项卡，单击该选项卡的标题栏，即可展开，其中有白平衡、色调和偏好 3 组调整参数。相对来说，基本选项卡内的多种滑块参数，是后期处理中最为常见、最为重要的一些选项。在此用户能够对照片的白平衡、色温、色调、清晰度、色彩饱和度等参数进行调整，从而实现对照片表现力的基本优化。

白平衡与色温调色

1. 利用白平衡模式与色温调色

如果在拍摄时相机的白平衡模式设置得有问题，那么照片整体都是偏色的。如果用户拍摄了 RAW 格式的照片，在 ACR 中就可以得到很好的校正，确保色彩还原准确。对照片白平衡的校正，最简单的方法是使用"基本"选项卡上方的白平衡下拉列表。调整时直接在白平衡后面的下拉列表中选择不同的模式即可。

如图 12-5 所示，这是张 RAW 格式照片。当为该照片校正白平衡时，只要在 ACR 界面右侧的"基本"选项卡上方的白平衡列表中根据现场光线状态选择"日光"白平衡，即可获得较好的效果。

图 12-5

在设定白平衡后，如果感觉色彩不够理想，还可以调整下方的色温和色调两个参数。如果色彩偏暖，那么就向左拖动色温滑块；反之，则向右拖动。如果照片偏洋红色，那么就向左拖动色调滑块；反之，则向右拖动。对照片色彩进行微调后的参数设定及照片效果如图 12-6 所示。

图 12-6

2. 利用中性灰校正白平衡，获取准确色彩

在 Photoshop 中，可以利用中性灰校正白平衡，而在 ACR 中同样集成了该功能，两者的原理是一样的，只是界面设置不同而已。在 ACR 顶部的工具栏中，单击第 3 个吸管按钮"白平衡工具"，然后寻找要校色照片中中性灰的像素位置，单击即可为照片定义好色彩参考标准，进而准确还原照片色彩。

ACR 中的白平衡工具之所以使用难度稍大，是因为用户无法再用阈值变化而只能凭借经验来确认中性灰的位置。如图 12-7 所示，选好白平衡工具后，在个人认为是中性灰的位置单击，同时观察照片的色彩变化。因为这并不是特别准确的中性灰点，所以往往需要用户多定位几个位置，进行对比，以确定最佳的色彩还原效果。

鼠标确定的像素越接近中性灰，校正后的照片色彩就越准确。待确定中性灰像素后，单击鼠标即可完成白平衡的校正。此时，照片校色前后的效果对比如图 12-8 所示。

图 12-7

图 12-8

小提示

错误但漂亮的色彩

有时用户找的中性灰虽不准确，但却能够让照片呈现出更漂亮的色彩。这种时候，可以将错就错，只要照片漂亮就好。

照片整体明暗的处理

在 ACR 右上角有一个直方图——彩色的直方图为某些具体色彩的明暗分布状态，而白色的直方图则为明度直方图。用户在调整明暗影调层次时应该参照白色的直方图。

在前面打开的图 12-5 所示的照片中，从直方图来看可发现，高光部分缺乏一些像素，且从照片的效果来看，也稍稍偏暗，因此在 ACR 的"基本"选项卡中，应该适当提高曝光值，以整体提升照片的亮度。在提高曝光值时，要注意不能让直方图的右侧触及边线（触及边线时直方图右上角的黑色三角块会变为白色），并且还应该确保直方图的分布要均匀一些，不要过度偏左或偏右，如图 12-9 所示。

总之，曝光值是控制照片整体明暗的主要参数。

图 12-9

白色和黑色的调整，其意义在于让照片的像素从最亮的 255 级到最暗的 0 级都有分布。经过前面的调整之后，假如照片的像素分布在 15~230 级的亮度范围内，那就表示照片的暗部不够黑，且亮部不够白。

提高白色色阶、降低黑色色阶，可让照片的暗部够黑，亮部够白。此时的参数调整及照片效果如图 12-10 所示。调整时要注意，不要让直方图左上角和右上角的三角块变白，而变为彩色也没有太大关系，因为损失一些彩色像素有时无可避免，这一点在介绍彩色与明度直方图时已经有过介绍。

图 12-10

画面分层次曝光改善

在对曝光值、白色和黑色色阶进行调整之后，照片的整体明暗层次会得到修饰。接下来，用户可以对一些具体的暗部或亮部层次进行优化。因为提亮过了白色，加黑过了黑色色阶，所以照片的反差已经很高了，这一点从直方图也能看出来，但为了能够获得更丰富的明暗影调层次，仍然可以适当提高照片的对比度。此时的参数调整及照片效果如图 12-11 所示。

当提高对比度后，照片层次更鲜明，但观察直方图可以发现，暗部左上角的黑色滑块已经变白了，这表示暗部出现了溢出，损失了像素细节，所以应该适当向右拖动阴影滑块，避免暗部溢出。另外，为了避免天空的云层因为过亮而掩盖层次，还应该降低高光，丰富天空的层次。此时的参数调整及照片效果如图 12-12 所示。

阴影主要用于控制照片的暗部，提亮后可以发现照片阴影中的景物变得清晰起来；高光主要用于控制照片的亮部，降低后可避免了亮部的景物过曝层部分过曝。经过处理后，照片最终层次分明。

图 12-11

图 12-12

小提示

强行提高对比度的优劣

本例中在没有必要提高对比度的情况下，仍然强行提高了对比度，这样可以进一步丰富照片的明暗影调层次。当提高对比度后，为避免暗部和亮部损失细节，必须提亮阴影和降低高光，但这样会无可避免地提高了画面色彩的浓郁程度，甚至有时会使照片显得不够真实、自然。

待将照片的明暗影调层次修饰到位后，分析照片的整体效果。会发现，天空的面积偏大，这样天际线就过于靠近画面的中线，因此可适当裁掉一部分天空，尽量让天际线位于三分线附近。在 ACR 中裁剪照片时，没有构图辅助线，只能根据个人的感觉进行操作。

裁剪完成后，单击工作区右下角的“在‘原图 / 效果图’视图之间切换”图标按钮，可以观察处理前后的效果对比，如图 12-13 所示。

图 12-13

自动色调功能的使用技巧与价值

在大部分情况下，用户可以选择手动调整色调。此外，还有一个比较有意思的功能——“自动”色调处理。在色调处理区域的上方，如果用户单击“自动”这个按钮，那么 ACR 就会根据原片的明暗情况进行智能优化，效果如图 12-14 所示。

图 12-14

从修改后的照片效果可以看到，照片的明暗影调层次得到了优化。对于初学者来说，如果对照片的曝光及明暗影调层次的理解并不深，那么就可以考虑直接使用自动处理功能，让软件代替人工对照片进行优化。不过，自动处理与手动调整的效果相比，创意性有些不足。对于后期能力较强的用户来说，还是建议使用手动处理，这样效果更鲜明一些，同时画面整体也会更加明快，层次更加分明。

清晰度调整对照片的改变

清晰度是衡量一张照片成败的指标之一。清晰的照片会让人感觉非常舒服；不清晰的照片会让人感觉画质不够细腻，画面不够讲究。一般的风光照片对于清晰度的要求非常高，所以在大多数情况下，摄影师在后期软件中都要对照片的清晰度进行适当调整。

这里所讲的清晰度，是指照片整体的清晰程度，而非锐度。锐度更多的是针对像素边缘轮廓的强化，而清晰度在更大意义上来说是针对景物整体边缘轮廓的强化。一旦调整清晰度选项，那照片中景物的轮廓边线就会有非常明显的变化，而如果提高锐度，则效果不会特别明显，只有在放大照片时，才会看出像素细节更加丰富、锐利。

清晰度调整选项位于"基本"选项卡的下方。在一般意义上的风光题材，因为光圈不会特别大，景物已经很清晰了，所以往往不需要调整该选项，但对于人像题材，适当降低清晰度、饱和度，会让人物面部显得光滑、白皙，如图 12-15 所示。

图 12-15

对于建筑类题材，在确保照片不会失真的前提下，应该尽量提高清晰度，强化建筑物表面的轮廓边线，让照片更加清晰，质感更加细腻，如图 12-16 所示。

图 12-16

12.3　镜头校正与特效

从概念上来看，镜头校正给人一种高大上的感觉，但当用户了解了其工作原理之后，就会明白该功能与其他后期调整功能并没有多少不同。

启动配置文件校正与修复暗角

在镜头校正面板中第 1 个选项卡为配置文件。启用配置文件的作用在于，对照片的一些几何畸变及镜头暗角进行校正与修复。照片的这种几何畸变，往往被称为镜头畸变，是光学透镜固有的透视失真的总称。这种失真对于照片的成像质量是不利的，而且完全消除畸变是不可能的，只能改善。当前，即使是已经在极其严格的条件下进行了测试和校正的优质镜头，在边缘也会产生不同程度的变形，导致拍摄的照片失真。既然器材无法彻底解决几何畸变的问题，那么就可以在后期继续对照片进行处理，力求使最终的画面效果更加符合预期。

在一般情况下，照片的几何畸变包括枕形畸变、桶形畸变、线性畸变几种情况。

1. 照片的几何畸变问题

对于透镜来说，其中间和边缘部位成像的性能是不同的。一般来说，中间的成像效果好一些，而边缘部位的成像会有误差，这就会造成最终的成像与实际场景相比产生了几何畸变。如图 12-17 的左图为理想的、没有畸变的效果，右图为存在几何畸变的效果。

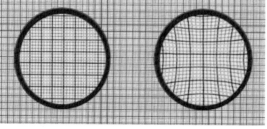

图 12-17

解决方法：为解决这个问题，厂商会将透镜改造成非球面形，以在一定程度上校正这种几何形变，但是，即便是性能最出众的镜头，经过校正，也会存在一定的畸变，特别是在照片画面的边缘部位。

（1）枕形畸变：枕形畸变又称枕形失真，是指由镜头引起的画面向中间收缩的现象。最常见的枕形畸变出现在使用一些低档镜头的广角端进行拍摄时，画面四周向内收缩，产生形变，如图 12-18 所示。

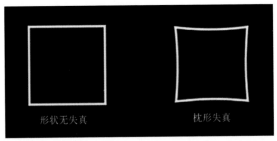

解决方法：在拍摄时，适当增大焦距，可以减少这种形变；后期通过镜头校正或裁剪可以消除这种形变。

图 12-18

（2）桶形畸变：桶形畸变又称桶形失真，与枕形失真相对。在大多数情况下，桶形畸变也是出现在使用低性能镜头的广角端进行拍摄时。举例来说，摄影师当使用广角镜头，尽量靠近人物的面部时，会发现人物从面部中间向前突起，画面桶形失真严重，如图 12-19 所示。

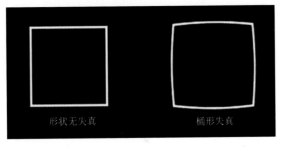

解决方法：在拍摄时，适当加大拍摄距离，可以消除这种桶形畸变；在后期软件中也可以校正。

图 12-19

（3）线性畸变：线性畸变又称线性失真。因为镜头具有透视性，所以在拍摄建筑物或树木时，会发现建筑不再是上下一样大，而是下面宽大，上面窄小，非常明显，如图 12-20 所示。当然，这种失真在大多数时候都不算坏事，也比较符合人眼的视觉规律，但有时摄影师可能想要没有线性畸变的照片，那就需要通过前期或后期进行校正了。

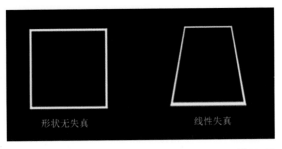

解决方法：在拍摄时，使用移轴镜头拍摄，可以消除这种线性失真；在后期软件中使用透视工具也可以校正线性失真。

图 12-20

2. 照片的暗角问题

照片暗角的形成有以下 3 个原因：其一，所拍摄场景的光线在进入相机后，到达感光元件中间的距离要比到四周边角的距离近一些，并且光线强度也不一样，这样就会造成四角与

第 12 章 Adobe Camera Raw 核心技法

中间的曝光程度有轻微的差别——四周稍低一些，以致产生了暗角，尤其是在使用广角镜头时，这种暗角现象最为明显；其二，在拍摄时设定的光圈如果较大，几乎接近了镜头的直径，镜壁可能就会产生阴影，当然这与镜头的设计也有一定的关系；其三，如果滤镜、遮光罩的安装不正确，或是设计有问题，那么也会产生非常黑的暗角，这种暗角通常被称为机械暗角。

对于机械暗角，几乎是无法通过后期软件进行修复的，如果一旦拍摄完成，那么解决方案只有一个，就是裁剪。针对

前两种暗角，在 ACR 中启用配置文件就可以进行很好的修复，同时，还可以校正照片中的几何畸变。如图 12-21 所示，可以看到照片的四个角均轻微偏暗，观察画面中的线条可以发现，存在一些几何畸变。

图 12-21

要解决这种几何畸变问题，就需在"镜头校正"面板中切换到"配置文件"选项卡，然后在选项卡的左上方勾选"启用配置文件校正"复选项。此时，系统会自行识别拍摄用的机型、镜头等器材信息，如图 12-22 所示。之后，用户会发现照片的几何畸变和暗角问题都得到了很好的解决。另外一些时候，

暗角的校正可能会让照片四周变得过亮，即校正过度。此时，可以拖动底部的暗角滑块，让暗角的修复变得完美起来。同样地，如果几何畸变的校正效果不够理想，那么就拖动扭曲度滑块进行调整。

图 12-22

删除色差：紫边的修复

紫边（或绿边）的产生有两方面的原因：其一，背光拍摄、大光比是紫边产生的自然原因——所拍摄的照片亮部与背光的暗部结合部位会产生紫边；其二，镜头内透镜组件的光学性能不足、感光元件CMOS上成像单元密度过大等是紫边产生的技术原因。自然原因无法避免，但相机厂商在高性能镜头中采用非球面镜片，可以有效地抑制色散及紫边现象，或使这种现象非常轻微。

如果照片中产生了紫边现象，也没必要紧张。在一般情况下，紫边现象大多非常

微弱，以正常尺寸观察照片，几乎是不可见的，如图12-23所示。当然，如果仔细观察，还是可以发现存在紫边的区域不太自然，在放大照片时会变得比较明显。这样看来，即便不对紫边进行修复，也无伤大雅。如果对照片的画质要求较高，那么就可以在后期软件中轻松地修复紫边。

图 12-23

放大照片，可以帮助用户更清晰地看到色彩失真的边缘。这时如果切换到"镜头校正"选项卡，勾选"删除色差"复选框，那么失真的色彩边缘一般就都会得到较好的修复。修复紫边前后的效果对比如图12-24所示。

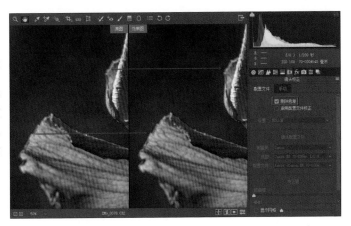

图 12-24

小提示

自动与手动修复紫边

删除色差的处理，是由软件经过内部计算和识别自动完成的。如果用户感觉自动校正的效果不够理想，也可以采用手动修复。具体操作时，只要在所选出的色彩范围之内拖动量滑块，就可以对失真的紫边进行修复了。

Upright：水平与竖直校正

　　如果照片的水平线发生倾斜，那么就可以在 Photoshop 中使用拉直或旋转工具进行调整。在 ACR 中，用户也可以使用拉直工具调整。此外，还有一个非常好用的功能，即 Upright。在之前的版本中，Upright 功能是集成在"镜头校正"选项卡下的"手动"子选项卡内的，但在 ACR 9.8 版本中，已经提示移动到了 Transform 工具中，如图 12-25 所示。

图 12-25

　　所谓的 Transform 工具，翻译为中文是变换工具。它位于 ACR 顶部工具栏的中间位置，单击即可打开。除水平之外，还有自动、垂直和完全几个按钮。如果照片中明显存在的水平线发生了倾斜，就直接单击"水平：仅应用水平校正"，对照片的水平进行校正，如图 12-26 所示。

　　如果照片中的水平线不够明显，但存在一些竖直的线条，如现代化楼宇等，就单击"纵向：应用水平和纵向透视校正"以完成校正。对于在水平和纵向上都没有明显线条的照片，可以考虑使用"完全：应用水平、横向和纵向透视校正"进行调整。此外，用户还可以选择最后一个选项"通过使用参考线"，手动校正照片的工整性。

图 12-26

12.4　照片细节优化：锐化与降噪

　　在 Photoshop 中，用户可以利用 USM、智能锐化等滤镜对照片进行处理，让画面变得更加锐利，细节丰富。此外，在减少杂色滤镜中，用户还可以对照片进行降噪处理，让原本存在较多噪点的照片画质变得细腻、平滑起来。在 ACR 中，有关照片锐化与降噪的功能，都集成在了细节选项卡中。下面通过如图 12-27 所示的照片，来介绍在 ACR 中进行照片锐化和降噪的技巧。

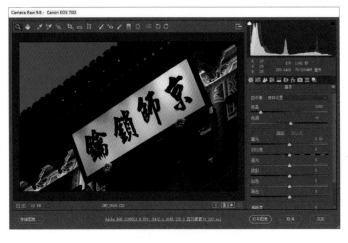

图 12-27

　　这里，用户需要注意两个问题。

　　（1）对于在一般光线条件下拍摄的照片，通常都是先进行锐化处理，然后再对锐化过程中产生的噪点进行降噪处理，但针对有大量噪点的弱光照片，要先在"细节"选项卡中进行降噪，然后再进行锐化处理。

　　（2）照片的处理流程是，先对照片的构图（裁剪二次构图）、明暗影调、色彩进行处理，然后才是在"细节"选项卡中进行锐化或降噪处理。

　　观察照片放大后的效果，会发现噪点真的非常严重！对于噪点如此严重的照片，应先考虑怎样把噪点降下来，让画质变得平滑。在细节选项卡下方的参数组中，可以看到减少杂色区域。在该区域中有多个参数，其中"明亮度"代表的是降噪的程度，它与在 Photoshop 进行降噪时的"强度"参数功能一样。这里提高明亮度数值，会发现画面中的噪点明显减少了，效果对比如图 12-28 所示。

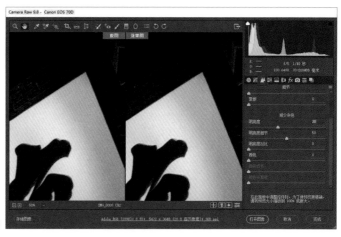

图 12-28

这里有两个要点需要注意一下：其一，在提高明亮度后，明亮度细节直接跳到 50。这个参数用于抵消提高明亮度降噪所带来的细节损失，数值越大，保留的细节越多，即降噪效果越不明显；其二，对比度这个参数是用于抵消降噪所带来的对比度下降，该功能的效果非常不明显，保持默认的 0 即可。

当前的降噪已经有了一定的效果，但仍然存在大量彩色的噪点。这时，就需要拖动颜色滑块来进行调整了。提高颜色滑块的数值，可以发现彩色噪点被消除了，如图 12-29 所示。

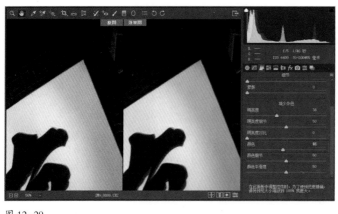

图 12-29

同样地，在"颜色"滑块下方，也有两个可以进行微调的参数。其中，颜色细节用于抵消降噪对色彩的影响；颜色平滑度更有用一些，可以消除暗部密集的彩色小噪点。在拖动颜色滑块之后，这两个参数都会自动跳到 50，保持默认即可，因为即便调整，对画面效果的影响也非常不明显。

此时，画面中大部分的噪点都被消除了，但照片的锐度有所下降，细节也有一定的损失，那就可以回到界面上方的锐化区域进行调整。在锐化区域有 4 个参数。其中，数量这个滑块命令非常简单，与 USM 锐化和智能锐化中数量的概念基本上是一样的，只是这里的数量调整效果更加明显一些。通常，在 ACR 中对照片进行锐化时，数量值的设定不宜超过 100，设为 50 左右，锐化效果就非常明显了。

半径滑块命令也非常简单，唯一需要注意的是这里的半径不是以像素为单位的，通常不能设定得过大，建议设定为

0.5~1.5 范围内的数值，最大不宜超过 1.5。

　　细节滑块命令的含义是，当数值较小时，不锐化照片中的细节；当设定大的数值时，会突出照片的细节。建议在对照片进行了降噪之后，就不要再拖动细节滑块了，让其保持在 0~30 这个范围内即可。如果是在光线比较理想条件下拍摄的照片，而没必要进行降噪处理，就可以适当增大这个数值。照片的锐化参数调整及锐化前后的效果对比如图 12-30 所示。

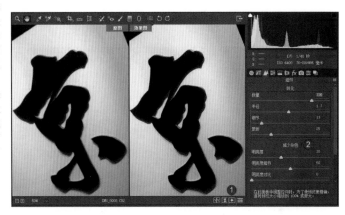

图 12-30

12.5　滤镜与画笔调整

渐变滤镜：分区处理照片

　　来看图 12-31 所示的这张照片，拍摄的是在太阳升起之前的金山岭长城。地面的山景及长城曝光都比较理想，但天空部分却稍稍显得过亮，这样，云的层次就显示不出来了。在处理这张照片时，笔者的想法是让天空变得稍稍暗一点，以显示出云的层次和更多的细节，而长城及山景的亮度就尽量不要发生变化了。为此，使用渐变滤镜可以达到这种效果。

图 12-31

单击选中"渐变滤镜"，然后将鼠标指针移动到照片上，按住鼠标左键向下拖动。此时可以发现，照片中出现了两条横线——横线中间为制作的渐变，而右侧还出现了一个新的面板，其中有大量可调整的参数，与基本选项卡内的各种调整滑块有些类似。

找到合适的渐变位置，然后在右侧的面板中对天空部分的曝光值、阴影、清晰度等参数进行调整。此时可以发现，天空部分变得暗了一些，显示出了更多的层次和细节，而且效果的过渡也是很自然的，如图12-32所示。

图 12-32

小提示

如果天际线是倾斜的，那么用户就可以将鼠标指针放在制作渐变用的横线上左右拖动，以调整制作的渐变角度。

径向滤镜：营造聚焦效果

学习过渐变滤镜工具的使用方法之后，再接触后面的径向滤镜就容易很多了。渐变滤镜通过建立条状的区域来分割画面，实现对照片局部的明暗、色彩、清晰度等的调整，而径向滤镜则是通过勾画封闭的圆形或椭圆形区域，制造出类似于聚焦的效果。下面来看具体的实例，如图12-33所示。原来照片画面的明暗是比较均匀的。现在笔者想要让人物明亮，而陪体及背景都暗一些。这时，渐变滤镜就无法满足需求了。单击选中"径向滤镜"工具，在照片中拖动鼠标，将人物圈出来，并且还可以调整圆形的线条改变形状。本例中就将圆形拖为了椭圆形，以正好将人物勾选了出来。

接下来，就是在调整项中调整各种参数了。适当降低曝光值、阴影等参数，可以确保背景变暗（如果在下方勾选"内部"，那么变暗的就是圆形区域内部了）。另外，羽化滑块的作用是让圆形区域内外的过渡更自然、平滑。待调整完毕后，单击工作区右下角的"完成"按钮即可。

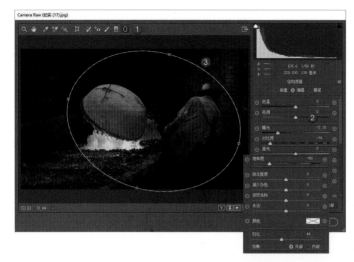

图 12-33

　　这样就调整完成了。调整前后的照片效果对比如图 12-34 所示。

原图

图 12-34

调整后的图片

好用的调整画笔功能

　　工具栏中倒数第 3 个工具是调整画笔。画笔与径向滤镜非常像，区别只有两点：其一，径向滤镜的形状可调，可以是圆形，也可以是椭圆形，但画笔就是圆形的；其二，画笔的流量是可调的（密度调整），但径向滤镜的不透明度是不可调的。除了以上两点差别之外，几乎所有的调整参数都是一样的，并且使用的技巧也差不多。选择调整画笔后，在右侧的参数面板中，可以看到与径向滤镜几乎完全一致的调整项。

　　在如图 12-35 所示的案例中，设定较低的曝光值和对比度，并设定阴影、黑色等参数，然后在人物周边涂抹。

图 12-35

对人物周边区域进行涂抹，可以让除人物之外的整个场景都暗下来，从而使人物形象更醒目、更突出。调整前后的效果对比如图 12-36 所示。

图 12-36

小提示

调整画笔的优势

相对于径向滤镜，调整画笔工具的使用会更加方便。设定大小合适的直径后，可以在照片上任意位置进行涂抹，改变这些位置的局部影调、色调及细节表现力。

第 **13** 章 Adobe Camera Raw 的高级玩法

　　我们拍摄的大量照片，经过后期处理才能变得更加漂亮。修一张照片要3分钟，那数百张照片就要修无数个小时吗？显然不是这样。你应该知道一句话：方法有时比知识重要！

　　只要你掌握了ACR照片处理的高级玩法，那事情就变得非常简单了。借助于预设、快照、批量处理等方法，可能不到1个小时，就能完成绝大部分照片的后期处理，并且修片的质量很棒，甚至在照片风格一致性方面，要远好于逐一修片的效果。

13.1　为何 ACR 中的 RAW 如此难看

如图 13-1 所示为相机拍摄的 RAW 格式原片在 ACR 中打开后的效果，可以看到照片是有问题的：其一，明暗对比度很低，暗部和亮部反差不明显，影调层次不清晰，给人很模糊的感觉；其二，色彩饱和度很低，缺乏色彩表现力；其三，放大照片观察，会发现锐度不够理想。由此可知，这张 RAW 格式的原片存在大量的技术性缺陷。当然，也有一个明显的优点，那就是细节比较丰富，没有丢失高光和阴影的细节。

图 13-1

现在回想一下，拍摄完这张照片后，从相机液晶屏回看的效果并不是这样的，对比度、明暗影调层次、色彩表现力都要好很多。相信拍摄过 RAW 格式照片的用户大多也都发现了这个问题！为什么在相机液晶屏上表现力较好的 RAW 格式照片，在 ACR 中打开后就变得如此不堪了呢？

另外，如果用户拍摄的是 JPEG 格式照片，就不存在这个问题，即与液晶屏显示的效果相差不大，如图 13-2 所示（这是由相机直接拍摄的 JPEG 格式原片的效果，而不是经过后期处理再转成的）。

图 13-2

在 ACR 中，将
RAW 格式的原片转
为 JPEG 格式，效果
也不好，不如相机直
接输出的 JPEG 格式
照片理想，如图 13-3
所示。为什么会这样
呢？

图 13-3

其实，答案很简单，原因在于 RAW 格式自身的特点与
相机的预处理。

假如设定相机输出为 JPEG 格式，那相机在对 RAW 格
式的照片压缩并存储为 JPEG 格式的照片之前，会在内部自
动对照片的锐度、对比度、色彩饱和度等进行优化处理，然后
显示在液晶屏上让用户回看，如果不满意就删除。如果没有进
行删除操作，那么相机就会认为用户对照片的效果已经满意，
于是按照预览的效果，将 RAW 格式的原片压缩为一张 JPEG
格式的照片存储起来。这就是为什么相机直接拍摄的 JPEG 格
式照片效果更好——相机在输出之前已经按照用户的设定进行
了锐度、对比度、色调的初步优化。

如果用户不拍摄 JPEG 格式的照片，而是只限定拍摄
RAW 格式，相机也会对照片进行预先的优化，并将效果供用
户预览，但不会存储这种优化效果。之后当载入像 ACR 这种
第三方软件时，软件无法识别相机的设定，自然只能显示默认
的、视觉效果很差的 RAW 格式了，但如果是载入相机原厂的

后期软件，那么就可
以自动识别相机内的
预设，让照片显示出
预览时的效果，如图
13-4 所示。由此可
知，直接转为 JPEG
格式与相机直接拍摄
的 JPEG 格式照片，
效果是一样的。

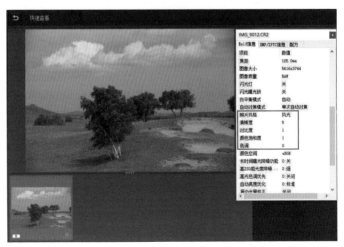

图 13-4

第 13 章　Adobe Camera Raw 的高级玩法

　　从上面的介绍还可以得出这样一个结论：即便是从相机直接拍摄得到的 JPEG 格式原片，其实也已经被压缩和优化过了，损失了大量的细节，效果远不如 RAW 格式原片所包含的信息和像素细节丰富。

13.2　相机校准，让 RAW 显示出漂亮的效果

　　相机的 JPEG 格式照片是由 RAW 格式原片经过压缩和优化后输出的。为了适应不同的拍摄题材，厂商为 JPEG 格式输出设定了不同的优化方式。佳能相机将 JPEG 格式照片的优化方式称为照片风格，而尼康相机则称为优化校准。例如，在拍摄风光题材时，只要用户设定了风光优化校准，那在相机输出的 JPEG 格式照片中，绿色的草地、蓝色的天空等颜色的饱和度就会比较高，并且照片的锐度和反差也会较高，画面的色彩看起来透亮、艳丽；如果用户设定了人像校准，那么输出的 JPEG 格式照片则会是亮度稍高，而饱和度、反差等都相对较低，这样可以让人物的皮肤显得细腻、白皙。

　　在 ACR 中，内置了相机常见的 Faithful（可靠）、Landscape（风光）、Neutral（中性）、Portrait（人像）、Standard（标准）等几种优化校准，这样，即便用户打开的 RAW 格式原片不够理想，只要套用了模拟相机内部设定的预设，就也可以让 RAW 格式显示出相机输出 JPEG 格式照片的效果。

　　在 ACR 的"相机校准"选项卡中，默认状态下的处理版本是 2012（当前），默认的相机配置文件是 Adobe Standard，如图 13-5 所示。其中，处理版本有 2003、2010 和 2012 这 3 个，在一般情况下用户只要选择最新的 2012 这个选项就可以了。

图 13-5

292

　　在配置文件后的列表中，Adobe Standard 显示默认的 RAW 格式原片，效果难看。不过，好在列表中还有其他几种优化校准。在本例中设定为风光优化校准，可以看到照片的色彩、反差、锐度等变得更好了，如图 13-6 所示。此时，显示的照片画面与相机直接输出的（经过风光优化校准的）JPEG 格式照片，效果是一样的，也就是说，通过在 ACR 中设定相机校准，就可以让 RAW 格式显示出 JPEG 格式照片的效果。

图 13-6

13.3 手动制作预设并使用

在对如图 13-6 所示的这张照片使用内置预设后，效果仍然不太理想，所以还要进行其他的一些处理，如调整曝光值、黑色色阶、白色色阶等。这样，处理前后的效果对比如图 13-7 所示。

用户也许想过，每张照片都要这样先修改预设，再调整色彩、对比度、曝光值等，不仅比较麻烦，也很耽误时间。为解决这个问题，ACR 提供了手动预设功能，即在对一张照片进行处理后，将处理过程作为预设记录下来，这样以后再打开同类的照片时，直接套用记录预设，就可以一步到位地将其他照片处理好了，从而提高了最终修片的效率。

图 13-7

当照片处理好之后，不要着急关闭，在 ACR 右侧切换到"预设"选项卡，然后在该选项卡底部的右下角单击"新建预设"图标按钮，打开"新建预设"界面，在其中默认选中了绝大多数的修改，这表示在新建预设时，用户将所有对照片的修改都记录了下来。

接着，再为这个新建的预设起一个名字，这里命名为"白音敖包"，最后单击"确定"按钮返回。此时，就可以在"预设"选项卡内看到新建立的"白音敖包"预设了，如图 13-8 所示。

图 13-8

图 13-9

这样,以后在面对同一场景中曝光、色彩等设定都相差不大的照片时,就不必再单独进行处理了,可以直接调用自制预设,一步到位地完成后期操作。如图 13-9 所示为新打开的一张同样是在白音敖包附近拍摄的照片,可以看到照片的曝光、色彩等设定与上一张照片是基本一样的。

在打开同类照片后,不要着急处理,可以切换到右侧的"预设"选项卡,选择建立好的"白音敖包"预设。此时可以发现,这张原片已经被套用了自制预设,效果变得非常理想了,整个过程非常快,如图 13-10 所示。最后单击"打开图像"按钮,将照片在 Photoshop 中打开,或是精修,或是保存即可。

自制预设可以帮助用户更加高效地处理大量的同类照片,让后期修片工作变得轻松、快乐。

图 13-10

13.4　快照：记录操作 + 备份多种修片效果

　　照片的后期处理，本身也是一个艺术性很强的创作过程。对同一张照片的后期处理可以获得多种效果，并且每种可能都很棒，以至用户想将这些效果都保存下来。最笨的解决方案是将每一种效果都保存为一张照片，但这种处理方式的问题在于，它会占用较大的磁盘空间，并且过多的照片还会让用户的图库管理更费时、费力。其实，在 ACR 中有一种非常好的办法：可以将不同的处理效果存储为快照留存下来。

　　下面通过一个具体的例子，来介绍 ACR 快照功能的使用技巧。如图 13-11 所示为处理好的一张照片，也就是说，笔者对照片的明暗影调、色彩、构图等都非常满意了。此时，先不要着急输出并保存照片，可以在 ACR 右侧切换到"快照"选项卡，然后在底部单击"新建快照"图标按钮，弹出"新建快照"界面，在其中为当前的处理效果取个名字"标准效果"，最后单击"确定"按钮返回。这样，在"快照"选项卡中就出现了新建立的快照。

图 13-11

　　当创建快照之后，可以继续对照片进行处理，以获得其他效果。在本例中，因为照片的通透度不够，所以笔者提高了照片的对比度和色彩饱和度，这样照片的反差更大，色彩更加浓郁。待处理到位后，按照上面的办法，笔者又建立了一个名为"浓郁效果"的快照，如图 13-12 所示。

　　这样，即便这时笔者将打开照片的 ACR 关闭，待下次再打开这张照片时，快照也依然会存在，并且只要在"快照"选项卡中选择这两种不同的快照，就可以随时查看处理的不同效果。

图 13-12

小提示

好用的快照功能

　　快照的优势在于，用户不必保存多种照片效果，而只需在 ACR 的数据库中保存照片的某种状态即可，这样不会多占磁盘空间，且对照片进行管理也非常方便，因此强烈建议用户多尝试使用该功能。

13.5　一次性处理多张照片

之前笔者所介绍的利用 ACR 进行照片处理，都是针对单独的某张照片进行的。即便是要快速处理大量的照片，往往也需要在对一张照片处理好之后，再打开下一张照片，利用预设功能进行快速的处理。这仍然太麻烦，需要逐张照片进行操作。

其实，ACR 是具备多照片同时处理功能的。具体操作时，首先在图库文件夹中按住 Ctrl 键，分别单选择同场景中色彩、曝光等都相似的多张 RAW 格式文件向 Photoshop 内拖动，如图 13-13 所示。

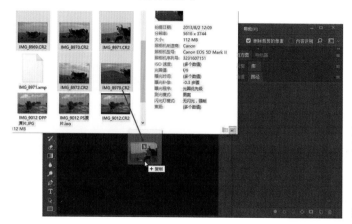

图 13-13

当拖入 Photoshop 后，这些 RAW 格式文件会同时在 ACR 中打开，且照片的缩略图会显示在 ACR 的左侧，如图 13-14 所示。单击选中某一张照片，即可对该照片进行处理，如镜头校正、白平衡校色、曝光值调整、对比度调整等。换句话说，用户只要对这张照片进行全方位的处理即可，而不必关注打开的其他照片。

图 13-14

待处理后，在左侧的缩略图中可以看到，图片底部的左侧是裁剪标志，右侧是一般后期处理的标记，而缩略图的效果也会跟随工作区中的照片调整同时变化。

接下来，在左侧的缩略图列表上方单击，点开下拉列表，选择"全选"，再次将 ACR 中打开的所有照片都选中，如图 13-15 所示。当然，用户也可以按 Ctrl+A 组合键直接全选这些照片。

图 13-15

全选所打开的照片后，再次点开上方的下拉列表，选择"同步设置"选项，打开"同步"界面。在该界面中可以看到白平衡、曝光值、锐化……几乎所有能对照片进行的调整都被选择了进来，这样自然就会包括用户之前的操作。至于没有进行的调整，即便选择了也不会有什么影响。

唯一需要注意的是，不能勾选底部的"裁剪""污点去除"和"局部调整"这 3 个选项。之所以不能勾选，是因为每张照片的裁剪肯定都是不一样的，并且污点位置也不一样，更不用说局部调整了。

接下来，单击"确定"按钮返回即可，如图 13-16 所示。

图 13-16

将对一张照片的调整同步到其他照片，意味着之前所做的修改都会套用到其他照片上，这样，对打开的所有照片就都完成了调整，同时左侧的缩略图也都发生了变化，如图 13-17 所示。

至此，照片就都处理完成了。接下来，用户可以在左侧列表中分别单击选中不同的照片，查看处理效果。如果对某些效果不满意，还可以进行一些微调。

最后，用户将有两个选择：（1）选中一张、多张或所有照片，单击"打开图像"按钮，就会将选中的照片在 Photoshop 主界面打开；（2）如果不需要再次打开照片，单击"完成"按钮，就会自动保存修改效果并关闭 ACR 工具。

图 13-17

　　只要不是在如图 13-17 所示的界面中单击了"取消"按钮，那无论用户是选择"打开图像"，还是直接单击"完成"按钮，对照片所做的修改都会保存下来。最后，返回到保存照片的文件夹，可以看到每个 RAW 格式文件都附上了对应的 .xmp 记录文件，如图 13-18 所示，这表示已经对这些照片进行了处理。

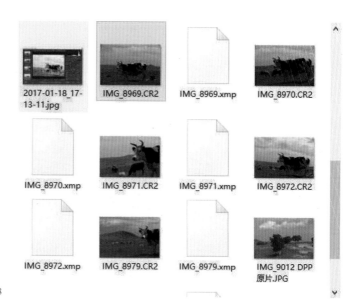

图 13-18

　　通过本章的学习，用户可以感觉到，方法有时真的比知识重要。掌握了相机校准、制作预设、保存快照、批处理等功能后，能够极大地提高用户的修片效率，因此，这是学习 RAW 格式后期真正画龙点睛的一步。

第 14 章 照片后期全流程揭秘

　　不同照片的后期处理会有不同的后期思路，并使用或涉及不同的后期技术，但在一定程度上说，对于绝大多数照片的后期处理，却有大致相似的流程。

　　本章我们将介绍数码后期的大致的流程。

下面通过一张风光题材照片的后期过程，来介绍具有普遍适用意义的摄影后期流程。

如图 14-1 所示的这张案例照片拍摄的是坝上秋色。观察原始照片可发现，因为是 RAW 格式原文件，保留了真实场景的所有数据，没有经过相机的任何优化，所以画面的色彩不够理想，影调比较杂乱。另外，场景当中各种杂乱的颜色元素比较多，这在一定程度上也干扰了秋天色彩的表现力，同时画面的构图还有些不够紧凑。

图 14-1

经过后期处理，笔者强化了秋天的色彩，且对画面进行了适当的裁剪，并修掉了场景当中过多的杂乱元素，最终得到了比较理想的画面效果。观察处理后的照片可以看到，主体突出，色彩干净，影调丰富，如图 14-2 所示。

图 14-2

14.1 ACR 中的照片调整

　　下面来看具体的处理过程。首先将拍摄的 RAW 格式原文件拖入 Photoshop，这样会自动在 ACR 当中打开，如图 14-3 所示。

图 14-3

　　在正式处理照片之前，应先进行镜头校正，如图 14-4 所示。

　　针对风光题材的照片，可以直接勾选"镜头校正"面板当中的"删除色差"与"启用配置文件校正"这两个复选项。其中，删除色差，用于消除高反差景物边缘产生的彩边，具体包括绿边或是紫边。即便某张照片当中没有彩边，用户勾选删除色差也没有明显的坏处，所以直接勾选即可。

　　启用配置文件校正用于修复照片四周的暗角，以及校正几何畸变。

图 14-4

此时，下方的镜头配置文件中并没有显示任何配置信息，这是因为笔者拍摄使用的相机是索尼 A7R2，而镜头则是转接的佳能 100–400mm 镜头，所以无法识别。针对这种情况，可以在镜头配置文件下方的第 1 个参数列表当中选择制造商为佳能，如图 14–5 所示。这样，下方的机型，也就是镜头型号就会自动识别，如图 14–6 所示。如果识别有误，还可以在列表中手动选择正确的镜头型号，载入正确的镜头配置文件，对暗角进行有效的修复。

在本例中，修复效果还是比较理想的，所以没有必要调整校正量。

图 14–5 图 14–6

待镜头校正之后，切换回基本面板，进行基本层次和细节的优化，如图 14–7 所示。

在本例中，原照片的曝光值等都相对比较合理，因为一时也没有太好的调整思路，所以直接在参数面板中间偏上的位置单击自动按钮，由软件自行做出智能判断，优化照片画面的明暗影调层次和色彩。在单击自动之后观察照片可以看到，影调得到了优化，并且照片的自然饱和度与饱和度也都进行了轻微的调整，画面效果变好了一些。

图 14–7

经过校正，会发现照片的对比度比较高，暗部变得比较沉，因此可以对自动调整的效果进行微调，如图 14-8 所示，主要是降低了高光值、提高了阴影值，并微调了其他几个参数。对于色彩来说，因为要遵循先调影调后调色的规律，所以应先将之前大幅提高的自然饱和度恢复到初始状态，待后续在进行过整体画面的色彩协调之后再进行调整。

图 14-8

此时，画面当中的色彩是比较杂乱的，有红色、黄色、绿色等，如图 14-9 所示。切换到"HSL"调整面板中的"色相"子面板，在其中对色相进行调整。调整的思路是让黄色变得浓郁一些。将绿色、橙色向黄色方向拖动，黄绿色向橙黄色调整，以让照片当中各种不同的色相都尽量靠拢，画面的色彩偏黄色偏橙色一些。经过初步的协调，可以看到画面的色彩更加纯净、协调、干净一些，不会因为色彩过多而显得十分杂乱。

图 14-9

之后，单击按住"裁剪工具"，待弹出下拉列表之后选择"2∶3"的裁剪比例，如图 14-10 所示。当前，在专业摄影领域，2∶3 的比例比较常见，也是用户比较能接受的一种长宽比。然后，对画面进行裁剪，如图 14-11 所示，裁掉下方一些阴影的干扰，以及上方因过于空旷而致画面失衡的区域，这样可以让画面干净，构图紧凑，主体突出。最后，将鼠标移动到保留区域内双击即可完成裁剪。

图 14-10

图 14-11

在工具栏当中选择"污点修复工具"，如图 14-12 所示，然后在右侧的参数面板当中缩小画笔直径，且将不透明度调到最高，在照片下方两个游客位置进行单击，按住拖动将游客快速修复掉。

图 14-12

14.2 Photoshop 精修

待修复掉游客之后，在工具栏中单击选择"抓手工具"或是"放大工具"就可以退出"污点修复工具"。

切换回到"基本"面板，如图14-13所示，稍稍降低清晰度，提高纹理的值。这样，可以避免因为轮廓过于清晰而让照片显得散乱，同时提高纹理值是为了避免画面显得过于柔和。

这样，照片的初步调整就完成了。单击ACR界面右下角的"打开图像"按钮，将照片在Photoshop中打开。

图 14-13

接下来，观察照片可以看到河流因为羊群的踩踏导致河水显得非常混浊，并且河水与周边景物的色彩过于相近，导致画面的色彩有些乏味。在对河流进行优化时，河水如果是冷冷的蓝色，就会比较符合草原地区的色彩特点，显得比较清澈，同时冷色的河流还会与暖色的草原林木形成一种色彩的对比，这也是林木或草原场景当中对河流的一般调色思路。

河流的形状非常不规则，如果使用套索等工具进行选择是非常复杂的，也不够准确。为此，可以使用色彩范围工具。

单击"选择"菜单，选择"色彩范围"菜单命令，打开"色彩范围"对话框，如图14-14所示。

图 14-14

　　在其中上方的"选择"列表中选择"取样颜色",并将鼠标移动到河流一般亮度的区域单击。此时,在色彩范围对话框下方,可以看到河流区域大部分都呈现为白色,而周边的区域呈现为黑色,如图 14-15 所示。其中,白色部分作为将要选择的区域,但不是特别精确。

图 14-15

此时，拖动"颜色容差"滑块可以尽量让选择的区域准确一些，然后单击"确定"按钮，如图 14-16 所示。当然，也不要为了追求河流选择的准确性而包含进过多的周边区域。

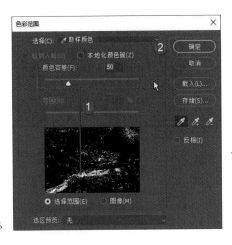

图 14-16

所谓的"颜色容差"是指吸管单击的位置与周边区域的亮度差别。如果将当前的颜色容差设定为 40，那么就表示单击位置与周边的亮度相差在 40 范围内的像素都会被选择。如果颜色容差过大，就会导致周边的草原及林木都被选择进来了，所以要反复调整颜色容差，尽量将河流大部分都选择进来，并将周边的景物排除掉。在将颜色容差设定到 50 的时候，河流基本上都选择了进来。当然，周边有一些草原区域也变白了，表示纳入到了选区当中，这个后续可以再进行调整。

之后，单击"确定"按钮，可以看到照片当中已经为河流建立好了选区，如图 14-17 所示。

图 14-17

图 14-18

除河流之外，周边的草原地区因为明暗与色彩跟河流相差不大，所以也被纳入进来了，因此在工具栏中选择"套索工具"，并将套索的运算方式设定为"从选区中减去"，如图 14-18 所示。

然后用套索去勾选除河流之外的区域。先将河流上方的区域选择出来，将这部分排除到了选区之外，如图 14-19 所示。

图 14-19

接下来，再将河流下方的区域也排除到选举之外，这样就相当于只为河流建立了选区，如图 14-20 所示。

图 14-20

创建"曲线"调整图层，并打开了"曲线"调整面板，如图 14-21 所示。

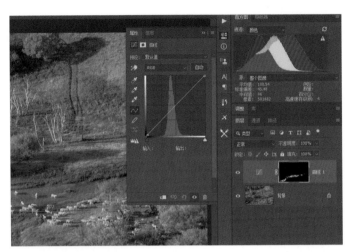

图 14-21

在其中对选区内的河流进行调色。

调色的思路是要让河流变干净，那么冷色调就是必然的选择，因此切换到蓝色曲线，提高选区内蓝色的比例，如图 14-22 所示，而降低红色的比例，让河水向偏青色的方向发展。另外，还可以微调绿色曲线。

如果感觉河水偏暗，就可以回到 RGB 复合曲线，在曲线上单击创建一个锚点，并按住向上拖动，让河水变得明亮一些。此时，对河水的颜色和影调处理就初步完成了。

图 14-22

因为选区边缘比较生硬，所以双击"蒙版"图标，打开蒙版"属性"调整面板，在其中适当提高羽化值，让调色的河水与未调色部分的边缘过渡更加自然。放大照片也可以看到效果是比较自然的。至此，画面的河流调色完成，如图 14-23 所示。

图 14-23

此时，仔细观察照片，可以看到远景的车辙分散了欣赏者的注意力，让人感到不舒服。

按键盘上的 Ctrl+Shift+Alt+E 组合键，为之前的两个图层盖印一个图层出来，然后选择"污点修复画笔工具"，调整画笔直径的大小，对车辙进行修复，如图 14-24 所示。

图 14-24

14.3　Nik Collection 滤镜优化

当调整好之后，还可以为画面增加一些朦胧感，让画面显得更加干净，有一种梦幻的美感。

单击"滤镜"菜单，在下拉列表中选择"Nik Collection"—"Color Efex Pro 4"菜单命令，打开"Color Efex Pro 4"滤镜，如图 14-25 所示。

311

这里，笔者选择"古典柔焦"和第 2 种强烈柔焦点，直接采用默认的参数即可，如图 14-26 所示。

> **小提示**
>
> 此处用户还可以在右侧的参数面板中单击选择控制点，为画面中的某些特定位置创建控制点，目的是只柔化照片的局部。

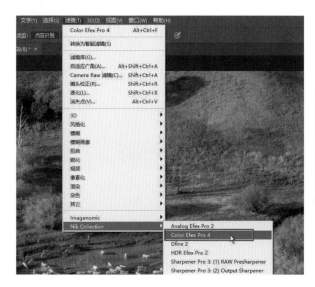

图 14-25

实际上此处可以不必借助控制点，而是直接调整套用该滤镜，之后在图层当中通过调整图层的不透明度来改变画面效果。

套用之后直接单击"确定"按钮，即可返回 Photoshop 主界面。

图 14-26

第 14 章　照片后期全流程揭秘

　　最后，可以看到制作的古典柔焦效果，这种效果生成了一个单独的图层，名为古典柔焦，如图 14-27 所示。此时，可以单击选中该图层，适当降低不透明度，弱化朦胧效果，避免出现画面失真。

图 14-27

小提示

　　在此如果用户想让某些局部清晰而另外一些位置朦胧，还可以通过建立蒙版进行局部的擦拭，但在本例中这样操作的意义不大，并且整体效果已经比较好了，所以没有必要再进行这样的处理。

14.4　照片最终优化

　　再次盖印一个图层出来，对之前的处理效果进行压缩和折叠，如图 14-28 所示。

　　进入 Camera Raw 滤镜（可通过滤镜菜单进入，也可以按键盘上的 Ctrl+Shift+A 组合键进入），在其中切换到色调曲线面板一点曲线子面板，如图 14-29 所示，创建一条轻微的 S 形曲线，这样可以让中间调及暗部都基本上保持不变，而亮部得到提高，从而使画面显得更加通透。

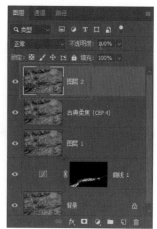

图 14-28

图 14-29

　　切换到校准面板，如图 14-30 所示，稍稍向左拖动蓝原色的色相滑块，以确保照片当中的冷色向青色方向偏移，冷色调显得更加干净。为了补偿冷色调偏移所带来的色彩变化，软件会自动让暖色调向青色的方向补色，也就是向红色方向偏移，这样就可以快速地让画面的冷色都变为青色，同时让暖色都变为红色。从而让画面整体的色调更加统一、协调。

　　接着，稍稍提高蓝原色的饱和度，加强画面的色彩感。至此，画面初步调整就完成了。

图 14-30

14.5 锐化与输出

在输出照片之前，先切换到细节面板，如图 14-31 所示，适当提高锐化参数组当中的数量值，对画面进行锐化。要注意，在 Camera Raw 滤镜当中锐化的强度是非常高的，一般来说锐化值不易超过 50，故在本例中，笔者就设定到 50 左右。

实际上，无论是哪一种题材照片画面，都没有必要对全图进行锐化，而是可以通过提高蒙版的值来限定锐化的位置。在本例中，笔者将蒙版值提到最高，按住键盘上的 Alt 键，并拖动蒙版值就可非常直观地观察到锐化的对象主要是正在过河的羊群，以及远景当中一些明显的树木，而黑色部分是不进行锐化的。

待完成锐化之后，单击"确定"按钮即可返回 Photoshop 主界面。

在图层面板中，在某个图层的空白处单击鼠标右键，然后在弹出的菜单中选择拼合图像，如图 14-32 所示，将所有图层拼合起来。

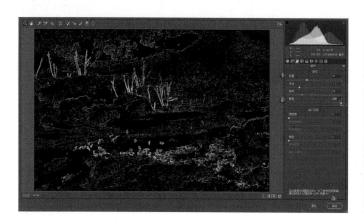

图 14-31   图 14-32

然后在输出照片之前，可以先整体宏观地观察照片。如果发现有构图的问题，那么就可以对照片进行再次裁剪，即二次构图，如图 14-33 所示。

在本例中，笔者保持了照片的原始比例，并选择"裁剪工具"继续对画面四周过多比较空旷的部分进行裁剪，让画面显得更加紧凑，并画面下方的羊群处于三分线的位置，最后再将照片保存即可。

图 14-33